5-7, rue de l'Ecole-Polytechnique, 75005 Paris

www.editions-harmattan.fr

ISBN : 978-2-343-22890-7
EAN : 9782343228907

Physique en crises

Des multivers aux fake news

Sciences et Société

fondée par Alain Fuchs et Dominique Desjeux
et dirigée par Bruno Péquignot

Dernières parutions

Clément MATHIEU, *Triste planète. Dégradations et pollutions : le XXIe siècle est mal parti*, 2021.
Claude ROUGIER, *Verdissement de la planète. L'arbre, la forêt et l'homme*, 2020.
Aurélien FOSSÉ-KITSAKIS, *L'essence du plaisir, Un essai pour définir la récompense artificielle*, 2020
Michel CARAËL, Philippe VAN DE PERRE, Etienne KARITA, Avec la collaboration de Philippe LEPAGE, *L'épidémie de sida occultée en Afrique centrale pendant la décennie 1980. L'évidence scientifique à l'épreuve de la politique*, 2020.
Aurélie CHONÉ, Isabel IRIBARREN, Marie PELÉ, Catherine REPUSSARD, Cédric SUEUR, *Les études animales sont-elles bonnes à penser ? Repenser les sciences, reconfigurer les disciplines*, 2020.
Aurélie CHONÉ, Isabel IRIBARREN, Marie PELÉ, Catherine REPUSSARD, Cédric SUEUR, *Repenser la relation homme-animal*
Généalogie et perspectives, 2020.
Patrick TRAUBE, *Le monde à l'envers, Un autre regard sur le monde et sur nous-mêmes*, 2020.
Nicolas TANTI-HARDOUIN, *La reproduction sociale de la santé. Inégalités de santé : responsabilité individuelle ou destinée sociale ?*, 2019.
Jean-Luc MATHIEU, *Prévention : quels enjeux de Santé publique ! Analyse de politiques publiques*, 2018.
Jacques JAFFELIN, *Théorie de l'information générale ou la « quatrième vexation »*, 2018.
Claudine PÉREZ-DIAZ, *Sciences et action publique : un mariage fécond. L'exemple de l'alcool au volant*, 2017.

Bruno Mansoulié

Physique en crises

Des multivers aux fake news

L'Harmattan

Du même auteur

Toute la Physique *[ou presque]* en 15 équations. (Flammarion, 2017)

I. La Physique au cœur de la crise des sciences fondamentales

La crise de société

La Physique passe pour une science « dure » : ses objets sont inanimés, et dans son domaine on peut en principe reproduire les expériences et les mesures à volonté. Ses théories sont soutenues par un solide appareil mathématique, rigoureux et déductif. Ne manipulant pas le vivant, elle ne soulève pas immédiatement de questions éthiques ni sociales, au moins pas aussi immédiatement que la médecine ou la biologie. Depuis Galilée la religion ne s'y oppose plus directement, en dehors de quelques illuminés. Même les créationnistes américains, qui contestent la théorie de l'évolution, ne mettent pas en cause la Physique elle-même, du moins publiquement. Dans la société, loin des chercheurs et des laboratoires, les hommes et les femmes du monde entier utilisent quotidiennement les objets les plus sophistiqués issus de ces connaissances : un téléphone portable est un assez bon symbole de l'incroyable condensé de sciences (et en particulier de sciences dures, et en particulier de Physique) mis à la disposition de chacun.

On pourrait donc penser que la Physique a atteint le statut idéal pour une science : avoir établi un corpus de connaissances bien compris et bien accepté, et à partir de cette compréhension de la nature, être en mesure de proposer de nombreuses applications accessibles au plus grand nombre. Elle poursuivrait ainsi tranquillement son chemin, allant de découverte en découverte, agrégeant ce nouveau savoir au corpus, et mettant à disposition des humains de nouveaux objets, de nouvelles méthodes, de nouvelles possibilités. Au fur et à mesure, les nouveaux concepts passeraient des laboratoires à l'enseignement universitaire, puis au lycée, puis à l'école, et diffuseraient harmonieusement dans la société. Avec un peu de temps, les conceptions les plus modernes remplaceraient les anciennes. L'utilisation de telle ou telle nouvelle découverte serait l'objet dans les sociétés démocratiques de débats apaisés, entre citoyens qui, s'ils n'auraient certes pas toutes les connaissances des chercheurs, partageraient suffisamment les bases et les motifs importants pour prendre des décisions éclairées.

Je vous vois sourire : on en est très, très loin. Dans la société, le sentiment envers la science est l'incompréhension, et très souvent la défiance. Les longues années d'éducation ne semblent pas parvenir à combler le fossé entre les scientifiques et le reste de la population. Et ceci même pour les sciences « dures » comme la Physique. On peut comprendre qu'en médecine par exemple il est difficile de relier la science des scientifiques et ce que chacun ressent dans son propre corps. Mais en Physique, science inanimée, il n'y a pas ce genre d'enjeu, et rien ne devrait s'opposer au partage des connaissances par tous. Pourtant, si la Physique est aujourd'hui universelle pour les scientifiques au sens large (chercheurs, ingénieurs, professeurs), elle reste mystérieuse pour tous les autres.

Tout le monde a un téléphone portable, mais bien peu de gens ont une idée des concepts de base qui ont permis la réalisation de son électronique. Pour cet exemple, on peut encore donner l'excuse qu'il s'agit d'une science relativement récente. La Théorie Quantique[1], qui est la théorie de base permettant de comprendre et concevoir l'électronique, date du début du XXe siècle, et le composant élémentaire concret, le transistor, a été inventé en 1947. Plus d'un siècle serait donc nécessaire à la diffusion et l'appropriation des idées scientifiques. Cette durée s'expliquerait par la complexité du sujet : tout le monde

---

[1] Je note « Théorie Quantique » le corpus théorique communément pratiqué par les physiciens, souvent appelé aussi « Mécanique Quantique », un terme historique maintenant trop limité. Par ailleurs, l'adjectif « quantique », sans majuscule, peut se référer à des aspects plus généraux.

s'accorde sur le fait que la Théorie Quantique est difficile à enseigner, et plus encore à vulgariser. Mais qu'en est-il de concepts plus anciens et plus simples ? Chaque enquête qui demande, dans les pays occidentaux, si la Terre tourne autour du Soleil ou si le Soleil tourne autour de la Terre, recueille un pourcentage certes minoritaire, mais important, en faveur de la seconde hypothèse. Et ce, malgré la quantité d'information disponible qui montre en flux continu la maîtrise des scientifiques sur la mécanique des corps célestes. La même personne qui regarde à la télévision l'atterrissage de la sonde Philae sur la comète Tchouri peut répondre à l'enquête que le Soleil tourne autour de la Terre.

Quelle est donc l'origine de l'abîme entre le public et la science, et en ce qui me concerne, la Physique ?

On pourrait accuser les médias. Comme pour d'autres sujets, le temps médiatique se prête mal à l'approfondissement, à la concentration. La controverse se substitue souvent à la réflexion : impossible d'aborder sereinement sur un plateau de télévision des sujets scientifiques importants pour la société, par exemple l'énergie nucléaire. Certes ce débat comporte une part subjective, chacun pouvant avoir son opinion sur le meilleur équilibre entre le niveau du risque potentiel et le niveau de confort qu'on peut en attendre. Mais une large partie des arguments devrait être de nature scientifique, au sein d'une science dure et universelle, la Physique. Pourquoi donc ces arguments ne font-ils pas l'objet d'un large consensus, qui permettrait un débat serein ? Il est trop facile d'accuser les médias d'être à l'origine de ce grand malentendu. Les médias donnent aux spectateurs ce que ceux-ci désirent voir. En ceci, ils reflètent honnêtement le désir de science du public, et ce désir de science existe bel et bien. Certes, la science n'est pas le sujet prioritaire, par rapport à des sujets comme la politique, l'‘économie, ou la sécurité, dont l'impact sur la société est immédiat, ou le sport dont l'incertitude tient en haleine, mais c'est un sujet qui prend régulièrement sa place dans les médias.

Dans mon domaine, la physique des particules élémentaires, un événement comme la mise en service du grand accélérateur LHC du CERN à Genève, en 2008, a été très bien couvert par les médias. Nous avons pu partager avec le public cette aventure scientifique, nous avons eu l'occasion de raconter les années de conception et de construction de ce gigantesque instrument, nous avons décrit la collaboration internationale des milliers de chercheurs et d'ingénieurs. Les journaux, les télévisions, et les radios nous ont largement donné la parole à cette occasion. Et encore plus en 2012 pour l'annonce de la découverte du boson de Higgs par cette machine et les expériences associées. De nombreux physiciennes et physiciens ont eu la parole pour décrire, chacun à sa façon, cette nouvelle et intrigante particule, et tous les concepts que son existence expérimentale justifie.

L'appétit du public n'est donc pas non plus en cause, au moins dans nos sociétés et pour ceux dont les besoins essentiels sont correctement satisfaits. Nos conférences grand public font le plein : il s'agit bien sûr en premier lieu d'amateurs qui suivent le sujet, mais il m'est arrivé de donner une conférence grand public sur le boson de Higgs dans un centre commercial, avec toujours autant d'auditeurs. Et lorsque je parle de mon travail à une personne de rencontre, c'est toujours un plaisir de voir que le sujet fait rêver. Même lorsque je décris la taille des instruments, et implicitement leur coût, il est rare qu'on me dise que cet argent pourrait servir à d'autres choses plus « utiles ».

On pourrait accuser l'éducation, et d'aucuns ne manquent pas de le faire. Des années de cours de sciences naturelles, et de Physique pour certains, ne parviennent pas, ou pour le moins parviennent mal, à transmettre les savoirs ou même les concepts qui sont à la base de notre société technologique.

Le problème, au moins en France, semble profond. Il semble que la Physique étudiée à l'école soit presque complètement découplée de la représentation que les élèves se font du monde. D'un côté, des théories scientifiques universelles, de l'autre une perception sensible et personnelle du monde, mais aucun lien entre les deux. Au-delà de la critique, il existe des tentatives pour y remédier, comme en France le programme « La main à la pâte » lancé par Georges Charpak, qui propose aux enfants de découvrir par eux-mêmes le raisonnement scientifique et en quelque sorte de se forger leur propre représentation du monde physique. Le programme atteint aujourd'hui des milliers d'élèves, mais c'est peu sur tout l'ensemble. Il reste aussi à voir son impact en profondeur, par exemple sur le traitement des questions scientifiques par les médias et les réseaux sociaux…

Pas étonnant dans ces conditions que le sentiment d'incompréhension envers la science, voire d'exclusion, tourne ensuite à l'inquiétude, puis à la défiance. Malgré les progrès indéniables des connaissances basées sur la preuve scientifique, les croyances de toutes sortes prospèrent, y compris au sujet de sciences dures comme la Physique. Le comble du paradoxe est atteint lorsque les écrans connectés, purs produits des avancées scientifiques, et dont même le langage (le « web ») a été inventé au CERN, ce temple de la Physique, véhiculent les affirmations les moins fondées, les moins universelles, les moins dignes d'un consensus.

Au moment de la mise en service du LHC, la rumeur est apparue que ce nouvel accélérateur pourrait produire un trou noir, lequel s'empresserait de dévorer le pays de Gex, puis Genève et son lac, et pour finir la Terre tout entière. J'ai reçu plusieurs lettres me suppliant de renoncer à cette mise en route, dont une, très sincère, écrite à la main, en Russe.

Le CERN a bien géré cette rumeur totalement infondée, et le LHC a démarré. Mais je garde de cette lettre très touchante le message : serions-nous assez fous, nous les scientifiques, pour mettre en jeu l'existence de notre planète, uniquement pour le plaisir de nos recherches ? Comment sommes-nous donc perçus ? Ne sommes-nous pas d'honnêtes citoyens, avec familles et amis ?

La rupture entre sciences et société dépasse le cadre de la Physique, mais, à nouveau, on aurait pu penser que les sciences les plus « dures » devraient aussi être les plus consensuelles et les plus faciles à diffuser. Cette rupture ne date pas d'hier, alors même qu'avec le formidable développement scientifique des XIXe et XXe siècles, la science, et en particulier la Physique, apportait dans les faits la preuve de son efficacité. A cette période, la Physique a bouleversé à plusieurs reprises la conception du monde que se font les experts. Mais pour les non-experts, la science n'a pas vraiment modifié la vision que chacun se fait de la réalité. Pour les non-experts, la vision scientifique moderne du monde s'est cantonnée dans l'imaginaire, dans la science-fiction par exemple, avec les voyages spatiaux et les paradoxes temporels, mais le monde de tous les jours est resté ultra « classique », sans aucun impact de la Théorie Quantique ou de la Relativité. Les non-experts ont été en quelque sorte laissés de côté en ce qui concerne les concepts. Au moins ont-ils pu constater les progrès pratiques, bénéficier des nouveaux outils, ou en redouter les conséquences.

Le déséquilibre profond entre les avancées scientifiques et la perception globale de ces avancées est très ancien, mais jusqu'à la période actuelle, le mouvement est plus ou moins parvenu à cacher ce déséquilibre. Après tout, peu importe que les concepts soient compris et intégrés si les applications nous comblent. Aujourd'hui, la question est de savoir si cette dynamique est encore possible : les progrès en Physique peuvent-ils continuer d'alimenter cette boulimie de nouveauté, d'innovation, partagée seulement en surface ? Et surtout, est-ce bien raisonnable d'entretenir cette dissonance ?

La crise interne de la Physique

La crise que je voudrais aborder maintenant est apparemment d'une tout autre nature. Il s'agit d'une crise interne, connue seulement des professionnels et des amateurs qui suivent les évolutions de la physique dite « fondamentale », celle qui tente de décrire les particules et les forces élémentaires, et l'univers dans son ensemble. « Fondamentale » ici est pris sans jugement de valeur : il s'agit bien de décrire les « fondements », les « éléments » du monde et comment ils construisent l'univers, non de prétendre que cette physique ait une quelconque préséance sur les autres domaines de physique et sur les autres sciences.

Je reviendrai sur les différents aspects de cette crise, mais tentons ici de décrire rapidement la situation actuelle. Les deux grandes avenues qu'a empruntées la physique fondamentale sont la description des constituants élémentaires du monde (« vers l'infiniment petit »), et la description des différentes structures de l'univers (« vers l'infiniment grand »).

La première avenue est celle qui a mené à la découverte de briques de matière de plus en plus petites : atomes, noyaux atomiques, jusqu'aux particules que nous pensons élémentaires aujourd'hui : quarks, électrons, neutrinos, etc.

La seconde est celle qui a permis la compréhension du système solaire, du soleil lui-même, des autres étoiles, des galaxies, des amas de galaxies, et qui a aujourd'hui l'univers entier pour objet d'études.

En ce qui concerne l'« infiniment petit », nous avons aujourd'hui une conception bien définie des particules élémentaires et de leurs interactions, soutenue par un ensemble de lois mathématiques sans aucune ambiguïté. Cette théorie est basée sur deux piliers : la Relativité Restreinte et la Théorie Quantique, deux grandes conceptions inventées au tout début du XXe siècle.

Toutes les mesures expérimentales effectuées en laboratoire sont en accord avec cette théorie. Ces mesures sont faites dans des conditions très différentes, auprès d'accélérateurs de particules par exemple, de types et d'énergies très variés. Le succès de cette théorie, et le fait qu'aucune mesure en laboratoire n'est venue la contredire pour l'instant, lui ont valu le nom de « Modèle Standard », depuis les années 1980. Il faut insister sur la capacité extraordinaire du Modèle Standard à prédire la valeur numérique de certaines quantités physiques : par exemple le « moment magnétique » de l'électron est prédit avec une précision d'une partie par mille milliards. Et cette valeur n'est pas une valeur « triviale » comme exactement 0, ou exactement 1, mais précisément le nombre 1,001 159 652 15, en parfait accord avec la mesure.

Du côté des grandes distances et des grands objets de l'univers, la théorie de la gravitation de Newton a depuis le XVIIe siècle expliqué le mouvement des planètes du système solaire, et permis de prédire leurs positions, ainsi que celles des satellites artificiels, avec une excellente précision. Les observations ont aussi permis de découvrir et de comprendre les étoiles plus lointaines, les galaxies, les amas de galaxies… Puis, à nouveau au début du XXe siècle (en 1911), Einstein a inventé la Relativité Générale comme théorie de la gravitation. Cette conception de l'espace et du temps est complètement compatible avec la Relativité Restreinte déjà employée pour les objets (et particules) du laboratoire. A l'échelle de la Terre, et même du système solaire, le passage à la Relativité Générale ne se manifeste que par de petites corrections aux lois de Newton. Aux grandes échelles de l'univers, elle décrit des phénomènes bien visibles par les télescopes actuels, par exemple les « mirages » gravitationnels. La Relativité Générale a aussi fait des prédictions spectaculaires, comme l'existence des trous noirs, qui ont toutes été confirmées par les observations.

En juxtaposant ces deux grands modèles théoriques, Modèle Standard et Relativité Générale, on obtient une description de l'univers depuis les plus petits éléments connus jusqu'aux plus grandes distances observables. Vous voudriez donc savoir si cet ensemble théorique est « juste », c'est-à-dire par exemple s'il a permis de faire des prédictions, et si ces prédictions ont toutes été confirmées par les expériences de laboratoire ou les observations astronomiques.

Malheureusement, la réponse à cette question est un peu complexe : d'un côté ce grand cadre théorique a rencontré de grands succès, de l'autre, il se heurte aujourd'hui à de grands problèmes.

Pour les succès, le couple Modèle Standard + Relativité Générale constitue une théorie extraordinairement féconde. C'est elle qui décrit l'univers comme issu du « Big-Bang » à une date passée donnée (que les mesures estiment à 13,8 milliards d'années), et non comme un univers permanent. De cette description découle directement un grand nombre de prédictions quantitatives, dont les plus spectaculaires sont les abondances dans l'univers des éléments chimiques les plus simples (hydrogène, hélium, lithium…), parfaitement confirmées par les observations.

Les problèmes eux, sont (en simplifiant) de deux natures : d'une part un problème théorique, et de l'autre un problème avec certaines observations astronomiques. Pour le premier de ces problèmes : Modèle Standard et Relativité Générale, les deux piliers originaux, semblent fondamentalement incompatibles. Dans la pratique, il est possible de les juxtaposer, et de n'appliquer chacune de ces théories que dans son domaine d'origine : Théorie Quantique du Modèle Standard pour les petits objets (particules, atomes), Relativité Générale pour les grands (galaxies, amas de galaxies, univers entier). Mais gare à l'extrapolation de l'une sur le domaine de l'autre : appliquer la Relativité Générale à l'échelle des particules conduit à des prédictions fantaisistes voire même pas de prédiction du tout. De même, poser la question quantique pour les trous noirs conduit à des paradoxes difficiles…

Le second problème est expérimental : les observations astronomiques de plus en plus précises ont mis en évidence des déviations importantes par rapport aux prédictions théoriques.

En toute rigueur, une théorie devrait être qualifiée de fausse dès qu'une seule de ses prédictions a été contredite par l'expérience, ou par l'observation dans le cas de l'astronomie. Pourquoi ne rejetons-nous donc pas en bloc la théorie Modèle Standard – Relativité Générale ? La première raison est que nous n'en avons pas d'autre, en tous cas pas d'autre qui ferait aussi bien pour les succès et aurait moins de problèmes. La seconde raison est qu'on a inventé des compléments assez simples qui peuvent combler l'abîme entre prédictions et observations : on a ainsi imaginé un type inconnu de matière, la « Matière Noire », et un type encore moins connu d'énergie, l'« Energie Noire ».

On a alors le choix entre deux attitudes. La première est de considérer que la théorie est correcte, et qu'elle a permis de mettre en évidence des formes de matière et d'énergie jamais observées sur Terre en laboratoire. Après tout, c'est exactement la façon dont Le Verrier a découvert Neptune : en interprétant une déviation entre le calcul (les lois de Newton dans ce cas) et l'observation de la position des autres planètes.

La seconde attitude prétend que le prix à payer est trop élevé, et préférerait remettre en cause la théorie plutôt que d'accepter l'ajout de ces constituants très « exotiques », et jamais observés directement malgré des années d'efforts expérimentaux.

Enfin, le spectre de l'incompatibilité Quantique-Relativité Générale reste en arrière-plan. Les deux problèmes, théorique et observationnel, sont-ils liés ? Une théorie cohérente répondrait-elle aussi à la question de l'Energie Noire et de la Matière Noire ? Inversement, des observations plus précises peuvent elles nous mettre sur la voie d'une meilleure théorie ?

Les nouvelles conditions : Intelligence Artificielle et « big data »

Une troisième forme de questionnement sur nos conceptions du monde est survenue récemment sans qu'on l'ait invitée. C'est pour tous une évidence : le développement des technologies numériques de l'information change nos vies. Des tâches que nous pensions complexes, comme reconnaître un visage ou conduire une voiture, peuvent être effectuées à notre place par un ordinateur. Le grand public commence à connaître la notion d'« algorithme », un ensemble de règles qui peuvent être appliquées en temps réel par des systèmes informatiques pour classer, comparer, identifier, juger. De nouvelles façons de programmer les ordinateurs sont apparues, que l'on désigne globalement sous le terme d'Intelligence Artificielle (IA).

L'étape cruciale a été l'introduction d'algorithmes capables d'apprendre à partir d'exemples, comme le fait un enfant humain. Classiquement, sans ces algorithmes d'apprentissage, un ordinateur exécute une suite d'opérations (un algorithme) fixée à l'avance par des concepteurs humains. Certes, l'algorithme peut avoir des « embranchements », et exécuter telle ou telle action si telle ou telle condition est remplie ou non. Mais il est essentiellement mécanique : il pourrait être réalisé par une (très grosse) machine à calculer électromécanique ou même une machine purement mécanique faite de roues dentées, de cliquets et de ressorts. Les concepteurs de l'algorithme peuvent le tester sur des situations variées, et décider de le modifier pour l'optimiser. Mais il agit ensuite de la façon strictement programmée. En revanche, un algorithme d'Intelligence Artificielle est capable d'« apprendre » ce qu'il aura à faire, simplement en regardant une série d'exemples, où pour chaque exemple on a indiqué ce que l'on attend de lui. Plus besoin de spécifier la logique à appliquer pour chaque cas de figure. Un ordinateur programmé en « cerveau artificiel » peut trouver lui-même la logique à appliquer pour faire « au mieux » ce qu'on lui demande sur tous les cas qu'on lui présente à titre d'exemple. Il appliquera ensuite la même logique aux situations nouvelles, exactement comme le ferait un cerveau humain.

Il y a un lien entre le développement de ces méthodes et la taille grandissante des échantillons de données, autrement dit le « big data ». Auparavant, la vitesse des calculs, les capacités de stockage des données, la vitesse et la souplesse des échanges de données, bien qu'importantes, étaient assez limitées pour que les algorithmes « conventionnels » restent performants. Ils le sont moins avec de très grands ensembles de données, très hétérogènes (images, textes, sons, mesures physiques ou chimiques, coordonnées GPS, séquences d'ADN, etc.). En revanche les algorithmes d'Intelligence Artificielle le sont d'autant plus. C'est d'ailleurs là où excelle (ou excellait) le cerveau humain : traiter de façon efficace et souple de grandes quantités de données très hétérogènes…

Enoncer des lois scientifiques, et en particulier des lois physiques, correspond à trouver une logique dans le monde observé. Si l'on donnait à un tel cerveau artificiel *tous* les résultats de *toutes* les mesures effectuées à ce jour, serait-il capable d'en trouver lui-même la logique ?

D'ailleurs, pourquoi devrait-il nous révéler cette logique ? Ne suffirait-il pas qu'il puisse répondre à une question précise comme : « si j'effectue telle mesure, quel en sera le résultat ? », sans dévoiler son mécanisme interne ?

Quelle serait alors la différence entre une « théorie » au sens où nous l'entendons habituellement, et une boîte noire de cette nature, si les deux fournissent les mêmes prédictions ? Et en poussant le raisonnement plus loin, la boîte noire pourrait-elle faire mieux que nos théories actuelles ?

Ces questions peuvent paraître lointaines ou abstraites. Mais dans mon domaine, la physique des particules, nous utilisons depuis longtemps des algorithmes d'IA, sur de grands ensembles de données. Nous verrons comment la transition entre algorithmes conventionnels et algorithmes d'IA va de plus en plus profond, et remet en cause la notion même de théorie.

Repartir du début : qu'est-ce qu'une loi physique ?

Il est tout à fait possible que la crise interne de la Physique soit résolue dès demain par la découverte géniale d'une nouvelle théorie. Il est aussi possible que le développement de l'intelligence artificielle se cantonne aux tâches subalternes et n'ait pas d'influence sur la création scientifique. Tout continuera alors comme avant, les physiciens seront fiers de leur nouvelle théorie, révèreront son auteur, et se réjouiront de la répétition du miracle « Newton », ou « Einstein ». Mais dans ce cas, la première crise, celle entre science et société, sera encore laissée à l'écart et ne recevra pas d'amélioration : des théories de plus en plus abstraites seront mises à l'œuvre dans des technologies de plus en plus sophistiquées, avec un niveau d'incompréhension et de défiance du public toujours croissant.

A contrario, il nous est possible de considérer que ces trois crises sont des signes différents d'un problème unique : une crise de la représentation du monde physique, et que leurs remèdes pourraient être liés.

C'est donc l'occasion de se reposer la question : « qu'est-ce qu'une loi physique ? », en repartant du tout début : comment nous forgeons-nous nos représentations du monde ? Lesquelles sont utiles et pourquoi ? Quel rôle jouent nos sens ? Qu'appelons-nous l'intuition scientifique ? Puis, après avoir pris un peu de recul sur ces questions, verrons-nous les « crises » comme la fin de la Physique, ou bien comme la possibilité d'un renouveau ?

Ce livre n'a pas l'ambition d'être un vaste traité sur la formation du savoir humain. Aussi, les mêmes questions se posent certainement dans les autres domaines scientifiques, mais ce livre n'a pas non plus l'ambition d'aborder l'ensemble de la science contemporaine. Je tenterai modestement d'approfondir ces questions en considérant mon domaine de recherches : la physique des particules élémentaires, et la cosmologie.

Il se trouve en effet que dans ce domaine, le chercheur se trouve confronté à ces grandes questions dans sa pratique quotidienne. En premier lieu, la crise interne de la Physique bien sûr, avec tous les efforts théoriques et expérimentaux pour tenter de dépasser le Modèle Standard. En deuxième, l'arrivée massive de l'Intelligence Artificielle pour extraire l'information des données recueillies auprès des grandes expériences sur les accélérateurs de particules (en fait, essentiellement le LHC du CERN dans ce cas). Et pour finir, la crise entre science et société, que je peux ressentir en ouvrant un journal ou un site web, et que je m'efforce d'atténuer en donnant des conférences grand public : les auditeurs, pourtant volontaires et amateurs, semblent apprécier, mais malgré mes efforts de vulgarisation, au sens noble du terme, combien me disent « c'est trop compliqué pour moi » !

II. Succès et limites de la Physique d'aujourd'hui

Il n'est évidemment pas possible de décrire ici tout le contenu de la Physique contemporaine, des équations de Maxwell aux Super-cordes en passant par Théorie Quantique et Relativité. De très nombreux ouvrages de vulgarisation remplissent très bien ce rôle. Je voudrais plutôt me concentrer sur quelques concepts qui ont contribué de façon déterminante à former la représentation que se font les physiciens du monde naturel. Par exemple vers les petites distances, l'hypothèse atomiste et la Physique du XXe siècle. Vers les grandes distances, la gravitation universelle de Newton et la théorie d'Einstein, en incluant le Big-Bang. Bien entendu, les progrès déterminants dans la Physique ne se sont pas limités à ces exemples. Il s'agit plutôt de se rendre compte que le succès de certaines conceptions (on dit maintenant « théories »), comme les exemples ci-dessus, a été si spectaculaire qu'il a marqué très fortement les esprits des scientifiques : les physiciens ont par la suite cherché frénétiquement à reproduire les méthodes et les circonstances qui ont mené à leur découverte. A l'heure où la Physique bute sur de grands obstacles, il est intéressant de comprendre comment un modèle « qui marche » exerce une forme de conditionnement dont il est difficile de se libérer.

Vers les petites distances

Le succès de l'hypothèse atomiste

De tout temps l'homme a cherché à appréhender la nature de la matière qui l'entoure, par curiosité et afin de mieux pouvoir l'utiliser. Dans cette recherche, deux grandes conceptions opposées peuvent être distinguées. La première est une vision animiste, ou dans nos termes modernes « magique » : chaque objet, caillou, arbre, fleuve, a une identité propre, leurs relations sont totalement contextuelles, il existe autant de « natures » de matière, autant de relations entre objets, que d'objets eux-mêmes. Les récits que les hommes énoncent sur ces natures et leurs relations peuvent s'appuyer sur des récits métaphysiques impliquant des divinités supérieures, ou même pas, chaque objet restant une petite divinité en soi. La seconde conception est réductionniste : la nature observée est construite à partir d'un nombre réduit d'éléments stables, et les relations entre ceux-ci sont aussi régulières et constantes. Le développement des sciences et techniques depuis les premiers outils jusqu'à l'ère moderne a suivi un cheminement entre ces deux conceptions, souvent d'ailleurs sans se préoccuper de la cohérence entre les deux. Depuis la Grèce antique jusqu'à la veille de la science moderne, une certaine forme de réductionnisme était à l'œuvre, mettant de côté la pensée magique et cherchant à « expliquer » la nature par des modèles simples, mais ceci restait essentiellement philosophique, tant les pratiques scientifiques et quotidiennes étaient dominées par l'empirisme. Jusqu'au XVIIIe siècle compris, on a pu construire des ponts, purifier du fer, tanner des peaux avec de la soude, graver des plaques avec de l'acide, fabriquer des canons et des arquebuses, tout en ayant pour principal support théorique le modèle aristotélicien des quatre éléments : air, eau, terre, feu. On ne peut pas dire que ce modèle ait aidé en quoi que ce soit au progrès technique…

Ce n'est qu'au XVIIIe et XIXe siècles que le réductionnisme va s'imposer, en offrant une compréhension de la nature qui permet d'agir, et de créer de nouvelles applications bien au-delà de l'empirisme. La philosophie cède la place à la théorie, la méthode expérimentale remplace l'empirisme. Pour l'étude de la matière elle-même, le grand tournant est l'adoption universelle de la théorie atomiste, selon laquelle toutes les substances matérielles sont constituées par l'assemblage d'atomes de petite taille, et existant en un petit nombre de types.

L'hypothèse atomiste a été énoncée dès la Grèce antique (on l'attribue classiquement à Démocrite), ce qui ne laisse pas d'étonner, puisqu'aucun des arguments actuels en sa faveur n'était connu à cette époque : pas de chimie quantitative, pas d'instruments permettant de « voir » les atomes…

Cette hypothèse s'est imposée entre la fin du XVIIIe et la fin du XIXe siècles, au terme d'un parcours difficile agité d'intenses débats et controverses. Certains scientifiques l'ont combattue jusqu'au début du XXe siècle, en particulier en France, même après la découverte de la radioactivité (par Becquerel), et celle du noyau atomique (par Rutherford).

L'impact de la démarche atomiste et de son succès sont si importants pour la Physique, qu'il n'est pas inutile d'en rappeler succinctement le déroulement. C'est en effet plus ou moins le modèle de développement scientifique qu'ont en tête tous les physiciens, consciemment ou non.

La première voie qui a mené à la confirmation de l'hypothèse atomiste est la chimie. On montre d'abord (Lavoisier) que la plupart des substances connues peuvent être constituées à partir d'un nombre limité de substances de base, qu'on appellera les éléments chimiques, tels le fer, le soufre, l'oxygène… Dans un premier temps ces éléments ne sont pas reliés à la notion d'atomes, c'est-à-dire à des briques élémentaires de petite taille. Ce sont des corps solides, liquides, ou gazeux, dans lesquels on peut décomposer les substances connues, et surtout, à partir desquels on peut recomposer ces substances. Ces transformations entre substances et composants, ou entre substances différentes, sont des réactions chimiques, dont on ignore le mécanisme, mais dont on peut établir des bilans quantitatifs, en faisant un décompte précis des quantités des substances de départ et des substances d'arrivée lors de la réaction.

Par des mesures précises, on établit (Dalton, Gay-Lussac) que ces réactions chimiques font intervenir des quantités fixes de chaque substance, et que les rapports entre ces quantités sont basés sur des nombres entiers. Par exemple, pour produire du gaz carbonique (en termes contemporains du dioxyde de carbone), il faut combiner 3 grammes de carbone et 8 grammes d'oxygène, obtenant ainsi 11 g de CO_2. Si on met plus de carbone, ou plus d'oxygène, celui-ci restera en excédent sans se combiner. Il est très remarquable que les proportions naturelles qui entrent dans les réactions chimiques en masse sont des nombres entiers, comme ici 3 pour 8, et non par exemple 3,4 pour 8,7.

Dalton interprète ces mesures en attribuant aux corps purs les plus simples (H, C, N, O, P, S…) un « poids atomique » entier (1, 12, 14, 16, 31, 32…), et montre que les combinaisons deux à deux donnent des corps connus, comme H_2O, CO_2, NO, etc. Il franchit immédiatement le pas en évoquant l'hypothèse atomiste : la matière est constituée d'atomes, les corps « purs » sont constitués d'un seul type d'atomes, les corps composés de plusieurs types d'atomes assemblés entre eux. Ceci explique que l'assemblage d'un corps constitué d'atomes A avec un corps constitué d'atomes B s'effectue toujours dans une proportion fixe.

Nous sommes aujourd'hui parfaitement habitués aux atomes et à leur classification par leur masse et leurs propriétés chimiques, dite classification de Mendeleïev. Mais il est fascinant de se rendre compte que Dalton, et les atomistes de la même époque (comme Berzelius), ne découvrent pas seulement que la matière est faite de grains élémentaires : ils découvrent en même temps la classification de Mendeleïev. Or ces concepts ne sont pas du tout identiques à priori ! Pourquoi les atomes (au moins les plus simples) ont-ils des masses *entières* par rapport à l'atome le plus léger, l'atome d'hydrogène ? Nous savons aujourd'hui que leurs *noyaux* sont tous constitués d'un nombre entier des mêmes composants, les protons et les neutrons. En termes d'aujourd'hui, la raison pour laquelle les proportions de Dalton sont des nombres entiers, ou des rapports de petits nombres entiers, n'est pas liée à la chimie des atomes, mais bien à la structure des noyaux atomiques. En effet, la masse d'un atome est totalement dominée par la masse de son noyau, l'électron étant 2000 fois moins massif que le proton. Chaque noyau est constitué d'un nombre entier de protons et de neutrons, et le nombre d'électrons de l'atome égale celui des protons (l'atome est électriquement neutre). De surcroît, la masse du neutron est presque égale à celle du proton. L'élément le plus simple est l'hydrogène : son noyau contient un seul proton, il devient donc l'unité de masse. L'élément suivant est l'hélium. Son noyau comprend deux protons et deux neutrons, et l'atome a donc deux électrons. Comme la masse du neutron est proche de celle du proton, sa masse est de 4 unités. Etc., etc.

On aurait très bien pu imaginer une chimie dans laquelle les corps de base, les corps simples, auraient été « indépendants », et non pas construits à partir des mêmes composants de base, protons et neutrons. Leurs masses atomiques auraient été dans des rapports arbitraires, non-entiers, comme 2,718 ou 3,1416. Dans ces conditions, il y a fort à parier que la chimie quantitative n'aurait jamais soutenu la théorie atomique. Pourquoi invoquer de petites briques élémentaires si elles existent en multiples variétés et si leurs règles d'assemblage sont toutes différentes ?

De même, si seulement la masse du neutron avait été significativement différente de celle du proton, l'échelle des masses atomiques aurait été bien plus difficile à interpréter ! Supposons que la masse du neutron vale 0,785 fois celle du proton (j'ai choisi la valeur 0,785 = $\pi/4$ au hasard parmi des rapports très peu « entiers »). L'atome d'hélium, avec son noyau à 2 protons et 2 neutrons, aurait alors une masse de $2+2\times0,785$ = 3,6 fois la masse de l'atome d'hydrogène. Les masses des atomes de H, He, Be, C, N, O, qui dans le monde réel sont très proches des nombres entiers 1, 4, 9, 12, 14, 16, [2] seraient dans ce monde bancal de 1 /3,6 /7,9 /10,7 /12,5 /14,3. Ces nombres paraîtraient bien plus difficiles à interpréter que les entiers de notre monde réel ! Voici un cas où la Nature a eu la gentillesse de faciliter notre compréhension…

---

[2] Le bore, 5è élément du tableau, n'est pas dans cette liste car sa masse atomique apparente, 10,8 , n'est justement pas entière. Les noyaux de bore naturels existent sous deux formes (isotopes), l'une contenant 5 protons et 5 neutrons (masse 10), l'autre 5 protons et 6 neutrons (masse 11). On pourrait aussi reprendre l'argument du texte en imaginant que tous les corps simples soient de tels mélanges d'isotopes : leurs masses apparentes ne seraient donc plus entières, et la compréhension en aurait été bien plus difficile…

L'autre voie qui a mené au succès de l'hypothèse atomiste est celle de la thermodynamique, la Physique qui décrit le comportement des gaz, liquides et solides vis-à-vis de la chaleur. Cette branche de la Physique apparaît avec l'invention de la machine à vapeur. On clarifie les notions de pression et de température, et on mesure les caractéristiques des substances reliées aux échanges de chaleur, comme leur capacité calorifique, leur température d'ébullition ou de fusion, etc. Un appareil mathématique important permet de manipuler aisément les relations entre ces quantités, rendant ainsi possible la conception de systèmes complexes comme une machine à vapeur élaborée ou un réfrigérateur.

Au milieu du XIXe siècle, Maxwell et Boltzmann réalisent que les lois qui régissent le comportement des gaz (en premier lieu la loi très simple des gaz parfaits) peuvent être expliquées de façon très naturelle si les gaz sont constitués d'un grand nombre de grains indépendants en agitation permanente. Le degré d'agitation est mesuré par la température, et par exemple, la pression exercée par un gaz sur les parois d'un récipient est due aux chocs des grains qui rebondissent sur ces parois.

Cette interprétation conforte l'hypothèse atomiste avancée par Dalton et les chimistes : l'atome moderne est né, à la fin du XIXe siècle. C'est le triomphe du réductionnisme, un réductionnisme non pas philosophique, mais bien concret : en observant la nature à l'échelle humaine, en effectuant de nombreuses mesures, on infère sa structure à une échelle beaucoup plus petite. Et dès que les instruments permettent l'exploration expérimentale, on découvre les éléments bien réels dont on avait déjà compris l'existence. Ce cercle vertueux s'est imprimé dans l'esprit de tous les physiciens, et jusqu'à aujourd'hui ils n'ont eu de cesse de le reproduire.

Pourtant, le succès de l'hypothèse atomiste a été intimement lié au fait que la nature a bien voulu nous présenter des données simples : des éléments dont les masses atomiques sont des nombres simples et entiers, et des gaz courants dont le comportement est très proche de celui d'un gaz parfait (nous y reviendrons). Mais qui peut affirmer que toutes les étapes de la recherche en Physique doivent se présenter de façon aussi favorable ?

De Becquerel au boson de Higgs

Il ne s'agit pas de reproduire ici l'histoire extraordinaire de la période qui va de 1896, où Becquerel découvre la radioactivité, à 1945, avec la terrifiante (et scandaleuse) utilisation de la bombe nucléaire sur les populations japonaises. Au cours de cette période sont découverts les noyaux atomiques, les protons et neutrons et toutes leurs propriétés. Ces découvertes apportent une extraordinaire cohérence à la compréhension de la nature. Sans entrer dans aucun détail, notons par exemple que pour la première fois, la physique nucléaire offre une explication au fait que le soleil brille, c'est-à-dire qu'il produit de l'énergie, et qu'il la produit assez lentement, assez pour durer plusieurs milliards d'années. Le mécanisme de production d'énergie par le soleil était au XIXe siècle au centre d'une controverse intéressante : avant la découverte des noyaux atomiques et des réactions nucléaires, la seule source d'énergie connue était les réactions chimiques, comme la combustion du charbon par exemple. Connaissant la puissance rayonnée par le soleil et sa masse, il était clair que si cette puissance avait pour origine les réactions chimiques, seules connues à l'époque, un soleil fonctionnant au charbon aurait dû se consumer entièrement en quelques centaines de milliers d'années tout au plus. On en est donc arrivé au point où les scientifiques, et en premier lieu les physiciens, ont contredit la théorie de l'évolution lancée par Darwin et développée par ses successeurs ! En effet, comment pourrait-il exister des fossiles animaux ou végétaux vieux de milliards d'années, et comment des espèces auraient-elles pu évoluer sur Terre au long de centaines de millions d'années, si le soleil lui-même n'avait que quelques centaines de milliers d'années ? Un exemple où la science a temporairement joué contre son camp...

La découverte de la radioactivité et des réactions nucléaires vient à point nommé pour donner l'explication de la puissance que le soleil rayonne, et de son âge, cette fois parfaitement compatible avec l'âge de la Terre estimé par l'évolution géologique et zoologique.

En parallèle, et en parfaite symbiose avec ces découvertes expérimentales, sont nées et se sont développées deux grandes théories physiques qui ont bouleversé la compréhension de la nature : la Théorie Quantique et la théorie de la Relativité (son premier volet, dite « Relativité Restreinte »), associées traditionnellement à des noms tels que Planck, Bohr, Pauli, Einstein, Schrödinger, pour la première, et Lorenz, Poincaré et bien sûr Einstein pour la seconde. Je reviendrai plus loin sur ces théories, qui pour la première fois énoncent très clairement que la nature, ou du moins la meilleure description que nous en avons, ne se comporte pas comme nos sens nous le montrent quotidiennement. Les notions mêmes d'espace, de temps, d'objet, de particule, doivent être remises en question. Pour la Théorie Quantique, la notion même de réalité passe du statut d'éternelle question philosophique à une question très concrète, très précise. Si son caractère opérationnel n'est pas mis en doute, et il ne l'est toujours pas aujourd'hui, l'interprétation de la Théorie Quantique en termes de réalité objective reste un sujet de débat parmi les scientifiques. Aussi intrigantes que ces théories puissent paraître, leurs applications sont devenues rapidement essentielles, aussi bien dans le monde scientifique que dans le monde pratique. Pour la Relativité : énergie nucléaire, radiothérapie, armement nucléaire… Pour la Théorie Quantique : électronique, chimie et biologie moléculaire…

Continuant sur le chemin de la compréhension de la Nature aux échelles microscopiques, le rapprochement des théories Quantique et Relativiste s'effectue en plusieurs étapes. Chacune de ces étapes commence par une grande difficulté, mais à chaque fois, la solution de ce problème permet une découverte encore plus spectaculaire et importante.

Ainsi, la simple description d'un électron isolé dans une théorie quantique et relativiste semble d'abord impossible. Dirac, en 1928, imagine un formalisme mathématique qui autorise cette description, et écrit la fameuse « Equation de Dirac ». Explorant ce formalisme aussi loin que possible, et surtout en interprétant l'équation au-delà des concepts pour lesquels il l'avait écrite au départ, il en découvre en 1931 une solution qui décrit une particule de même masse que l'électron, mais de charge électrique opposée. Ce « positon », première particule d'antimatière, sera découvert expérimentalement dès l'année suivante. Il est actuellement utilisé quotidiennement dans l'imagerie médicale (TEP, tomographie par émission de positons). Depuis, dans les expériences auprès des accélérateurs de particules, et dans toute notre description de l'univers primordial, matière et antimatière sont sur un pied d'égalité.

On se rend compte rapidement que la combinaison des deux théories, Quantique et Relativité Restreinte, amène des conséquences totalement inattendues. En simplifiant beaucoup, la Théorie Quantique autorise des fluctuations de l'énergie, pourvu qu'elles soient de courte durée. La Relativité permet quant à elle la conversion de masse en énergie et vice-versa, et en particulier la création d'une paire particule-antiparticule à partir d'énergie pure. Par conséquent pendant un temps très bref, une fluctuation quantique d'énergie peut donner lieu à l'apparition d'une paire particule-antiparticule, à condition qu'elles se recombinent et disparaissent suffisamment vite. Cette description est simplifiée, et l'apparition-disparition de la paire particule-antiparticule ne peut pas être qualifiée de « réelle », on parle plutôt d'un processus virtuel. Mais ces processus virtuels peuvent bel et bien modifier les propriétés de systèmes de particules en interaction. Toutes ces fluctuations, tous ces processus virtuels, où même le nombre de particules n'est pas conservé, pourraient faire craindre que les calculs ne donnent jamais un résultat cohérent et bien compris. On parvient cependant à les maîtriser, et la première mise en évidence de ces effets combinés des deux théories est la mesure par Lamb d'une modification de la valeur d'un niveau d'énergie de l'atome d'hydrogène, effet petit, mais parfaitement prédit par la théorie.

Cette théorie de la matière et des interactions fondamentales, ou plutôt ce cadre théorique, appelé la « Théorie Quantique des Champs », se développe à partir des années 1930. Un appareil mathématique sophistiqué se met en place, qui permet l'exploitation de ce cadre théorique pour calculer de nombreuses quantités accessibles à la mesure expérimentale. Alors même que les fondements de la théorie sont toujours incertains, tout autant que les fondements de la Théorie Quantique elle-même, les physiciens sont fascinés par ses spectaculaires succès opérationnels : toutes les mesures effectuées sur des atomes, des électrons, des protons confirment la théorie, avec des précisions extraordinaires.

Dans la deuxième moitié du XXe siècle, le développement des techniques permet de poursuivre les recherches sur les composants ultimes de la matière avec des moyens de plus en plus importants, passant ainsi de l'étude de la radioactivité naturelle, ou des particules naturellement issues du cosmos, aux accélérateurs de particules, dont la taille passe elle aussi de quelques mètres pendant la Seconde Guerre mondiale, à 27 km pour le LHC, le plus grand accélérateur en service dans le monde aujourd'hui. De nouvelles particules sont découvertes, leurs propriétés sont peu à peu mesurées, les interactions sont comprises et interprétées. A la manière de l'établissement de la classification des atomes, se met en place progressivement une classification des particules élémentaires, dont le tableau est complété peu à peu, et la structure de leurs interactions est décrite par des déclinaisons bien particulières de la Théorie Quantique des Champs. Cet ensemble est appelé par tous le « Modèle Standard ». Ce modèle comprend 12 constituants élémentaires, qui interagissent entre eux par deux types d'interactions. Pour la découverte du tableau complet de ces constituants, parfois l'expérience a devancé la théorie, parfois la théorie a prédit l'existence d'une nouvelle particule à partir des données existantes, et celle-ci a été découverte expérimentalement plus tard, lorsque par exemple un nouvel accélérateur a permis de la produire.

Le dernier exemple en date est la découverte du boson de Higgs au CERN en 2012 par les collaborations ATLAS et CMS utilisant d'immenses détecteurs auprès du LHC. L'existence de cette particule avait été prédite dès 1964 (par Brout et Englert d'une part, et Higgs d'autre part) au tout début du Modèle Standard, dont elle est en quelque sorte la signature caractéristique. Vu avec le recul, imaginer la structure de ce Modèle avec les données de 1964, et en déduire l'existence du boson de Higgs, reste un tour de force intellectuel impressionnant. A partir de 1964, les très nombreuses mesures, la complétion pas à pas du tableau des constituants et de leurs interactions avait progressivement confirmé la structure du modèle, et le statut du boson de Higgs était passé de curiosité mathématique à l'objet de toutes les recherches auprès de chaque nouvel accélérateur mis en service. En effet, si la théorie est basée sur son existence, elle ne dit rien de sa masse, et donc de l'énergie nécessaire à un accélérateur pour la produire, et avant le LHC le « Higgs » n'avait pu être mis en évidence. Grâce à sa taille, le LHC était le premier accélérateur dont l'énergie était suffisante pour ou bien le découvrir, et apporter une confirmation spectaculaire au Modèle Standard, ou bien pouvoir contredire son existence, mettant ainsi à bas tout le Modèle. Après plus de 25 années de construction et de préparation, le LHC fut mis en service en 2008. Malgré quelques incidents de démarrage, dès 2012 les expériences annonçaient l'observation du boson de Higgs et la mesure de sa masse. Depuis, de nombreuses mesures de ses propriétés ont été effectuées, toutes en accord avec la théorie originale et ses développements plus récents.

Vers les grandes distances

Newton et la gravitation universelle

La même démarche réductionniste s'est appliquée à la compréhension de l'environnement de l'homme aux grandes échelles de distances. Il ne s'agit plus d'un réductionnisme vers des constituants élémentaires, mais d'affirmer que les corps célestes peuvent être identifiés, classifiés en un petit nombre de types, et de comprendre leurs relations, en premier lieu leurs mouvements dans le ciel et entre eux. Ce faisant, on enlève aux corps célestes leur caractère individuel, magique.

Parmi les précurseurs, bien avant Newton, Giordano Bruno affirme que le soleil est une étoile, et que les étoiles sont des soleils (cela lui vaut d'être brûlé vif par l'Inquisition). Cette affirmation, même si elle se trouve au milieu d'un discours complexe, voire touffu, et même fantaisiste, possède toute la puissance de la démarche réductionniste : auparavant, les étoiles peuvent être pensées comme des perles de nature toutes différentes, piquées sur une voûte de velours, ou toute autre image séduisante, mais sans relation avec une réalité plus proche, sans possibilité d'être évaluée ou contredite. En une phrase, des milliers d'étoiles visibles dans le ciel nocturne sont à la fois banalisées, et sublimées parce qu'accessibles à la pensée et au raisonnement. Le prix à payer est évidemment que le Soleil lui aussi se trouve banalisé, passant d'un rôle très particulier pour les humains à l'une des innombrables étoiles de l'univers. A l'époque de Bruno le soleil tourne encore autour de la Terre, et déjà il perd son privilège.

Bien entendu Galilée, Kepler et d'autres mesurent et affirment l'héliocentrisme, mais c'est Newton et la découverte de la loi de la gravitation universelle qui donnent à cette hypothèse un fondement conceptuel et une méthode pratique d'application. Depuis toujours, l'homme a observé le mouvement des planètes dans le ciel : ces quelques « étoiles » qui se déplacent rapidement (de jour en jour et de saison en saison) sur un fond d'étoiles fixes entre elles. Leurs mouvements sont suffisamment réguliers pour les identifier parfaitement, mais suffisamment irréguliers pour que leur prédiction soit l'objet de savoir d'initiés, voire de cultes entiers.

A nouveau, affirmer, comme le fait Newton, que le mouvement des planètes et la chute des corps ne sont qu'un unique phénomène, est un acte éminemment réductionniste : plus besoin de causes magiques pour mouvoir la lune et les planètes : leur mouvement n'est rien de plus que celui de la chute des pommes.

La loi de la gravitation universelle selon Newton, appliquée de la façon la plus simple, permet effectivement de prédire le mouvement de la lune et des planètes avec une excellente précision. Les déviations à la loi sont très petites, qu'elles soient dues aux interactions multiples des planètes entre elles (toujours dans le cadre Newtonien), ou aux effets relativistes découverts bien plus tard. Ici aussi, le succès de cette théorie provient avant tout du fait que la nature se présente à nous comme « simple » :

notre système solaire a peu de planètes, les vitesses sont faibles (et donc les effets relativistes aussi), les mouvements ont le bon goût de se laisser expliquer par une loi très simple, et par conséquent la démarche réductionniste fonctionne de façon spectaculaire. Comme pour l'hypothèse atomiste, on peut remarquer que la découverte de la loi a été possible *parce que sa version la plus simple est vérifiée avec une excellente précision par les objets observés* : la lune et les planètes. Je suis bien conscient que cette dernière phrase semble s'apparenter à un raisonnement circulaire, mais ceci n'élude en rien la question : aurait-on découvert la loi de la gravitation dans des circonstances un peu plus complexes ? Par exemple si notre système comportait deux soleils (un cas prisé des romans de science-fiction) ? Ou si notre planète orbitait autour d'un trou noir massif, où la gravitation nous apparaîtrait avec ce que nous appelons aujourd'hui de « fortes corrections relativistes » ?

Einstein, la cosmologie actuelle, et le Big-Bang

A nouveau, l'objet de ce livre n'est pas de décrire le développement de la cosmologie depuis le début du XXe siècle. Retenons simplement quelques éléments qui permettent de comprendre comment s'est forgée la représentation actuelle de l'univers. En effet, après la phase géo-centrée des conceptions magiques ou religieuses, l'héliocentrisme et la gravitation universelle se contentent de décrire ce qui advient dans le système solaire, un système d'étoile comme un autre. Mais la cosmologie se donne aujourd'hui une tout autre ambition : décrire l'ensemble de l'univers. L'univers est devenu aujourd'hui un objet d'études comme un autre. Au point que certaines théories, supposent l'existence d'un très grand nombres d'univers dont le nôtre ne serait qu'un exemplaire, j'y reviendrai plus loin.

Le tournant essentiel est l'invention par Einstein de la théorie de la Relativité Générale, qui reste le meilleur exemple d'un changement conceptuel radical dû à un seul homme, pour ce qui concerne les sciences. Poursuivant sa réflexion sur l'espace et le temps, qui avait mené à la Relativité Restreinte, Einstein a l'idée d'y inclure les effets de la gravitation. S'aidant uniquement par des expériences de pensée, telle que d'imaginer un observateur dans un ascenseur, ou un observateur qui se tient sur le bord d'un manège en rotation, il comprend que le temps marqué par une horloge dépend du champ de gravitation dans lequel elle se trouve. Par exemple, une horloge ne tourne pas à la même vitesse à la surface de la Terre ou à la surface de la Lune, car les gravités y sont différentes. Il entrevoit rapidement que l'espace-temps doit être *courbé par la matière* c'est à dire que les relations entre longueurs et durées non seulement dépendent du point de vue de l'observateur (comme c'est déjà le cas en Relativité Restreinte), mais dépendent aussi de la présence de matière. Ces relations sont complexes, et il lui faudra 8 ans, et l'aide des mathématiciens Grossman et Hilbert (et sans doute de son épouse Mileva) pour mettre en place l'appareil mathématique qui permet de les manipuler correctement.

A l'échelle terrestre, cette nouvelle théorie ne modifie que très peu la loi de la gravitation de Newton. Ces modifications étaient pour la plupart difficilement accessibles à l'expérience à l'époque de la découverte d'Einstein, mais elles sont très bien mesurées aujourd'hui, et elles occasionnent d'ailleurs une petite correction dans le calcul des coordonnées par le système GPS. Les premières preuves expérimentales ont été apportées rapidement après l'invention de la théorie en mesurant avec précision des effets à l'échelle du système solaire (infime modification du mouvement de Mercure, infime déviation des rayons lumineux des étoiles par la masse du soleil).

Ensuite, tout naturellement, si l'on peut dire, car il s'agit encore d'une avancée de génie, Einstein tente d'appliquer cette nouvelle théorie à l'univers entier, inventant ainsi la forme contemporaine de la cosmologie : comprendre la structure et l'évolution de l'univers dans sa totalité.

La Relativité Générale est une théorie extraordinairement féconde, puisqu'elle a prédit des phénomènes comme les trous noirs, les arcs gravitationnels (des images de galaxies déformées par la gravitation), parfaitement inattendus, mais prouvés ensuite par les observations. Parmi toutes ses implications, la plus remarquable sur le plan de la représentation du monde et sans doute le modèle du Big Bang.

Pour éviter toute idée fausse sur le Big Bang, on peut le décrire comme suit. Les observations d'aujourd'hui montrent que l'univers est en expansion continue. Cette expansion ne signifie pas que l'univers se dilate « dans un espace plus large ». Non, l'univers est infini, et son expansion consiste en ce que les distances entre objets s'accroissent avec le temps. Une image simple à une dimension permet de mieux s'imaginer le phénomène : visualisez devant vous une ligne droite horizontale, qui va de gauche à droite, et munie de graduations. Imaginez cette ligne infinie des deux côtés, à gauche comme à droite. Maintenant dilatez la ligne dans elle-même, en augmentant simplement la distance entre les graduations. Ceci ne vous pose aucun problème pour une ligne. Maintenant prenez notre univers avec ses 3 dimensions, et faites de même pour les 3 dimensions, voici l'expansion de l'univers. [3]

Lors de cette expansion, l'univers se refroidit, comme tout gaz soumis à une détente.

Compte-tenu des mesures sur l'univers actuel (distances, densité...), la Relativité Générale permet de calculer l'évolution de l'univers, dans le futur comme dans le passé. Remontons donc dans le passé, en repassant le film de l'évolution à l'envers. En remontant le cours du temps, les distances deviennent plus petites, la température augmente (comme dans tout gaz que l'on comprime). On pourrait imaginer que les distances deviendraient infiniment petites, et la température infiniment grande, seulement pour un temps infiniment lointain dans le passé. Mais ce n'est pas ce que donne le calcul : la contraction n'est pas simplement proportionnelle à l'âge dans le passé. En remontant le temps, les distances se rétrécissent de plus en plus rapidement, et elles deviennent infiniment petites (et la température infiniment

---

[3] Il est intéressant de voir que le public n'a aucune difficulté avec cette expansion à une dimension (une ligne droite), mais bien davantage pour 3 dimensions : on nous demande très souvent « où est le point central ? » ou bien « dans quoi l'univers s'expand-t-il ? ».

grande) non pas il y a infiniment longtemps, mais à une date précise du passé : il y a 13,8 milliards d'années. En restant dans le cadre de cette théorie, il est donc impossible de remonter dans le passé plus loin que cette date, et la question « avant le Big-Bang » n'a pas de sens. Une date antérieure ne pourrait avoir de sens qu'en modifiant la théorie, en la plongeant par exemple dans un cadre plus large dont elle ne serait qu'un aspect particulier.

Cette notion très simple, que l'univers n'est pas là de toute éternité, change profondément notre conception du monde, en s'opposant frontalement à notre intuition, conditionnée par l'apparente régularité des saisons et du mouvement des astres. Mais la théorie du Big-Bang ne se limite pas à cela : elle permet d'appliquer tout ce que l'on sait de physique microscopique, en particulier de physique nucléaire, aux premiers instants de l'univers, et d'en déduire des conséquences parfaitement mesurables. Citons très rapidement l'abondance des éléments chimiques primordiaux, ceux qui sont justement créés dans les premières minutes, ou l'existence et les propriétés détaillées du « fond diffus cosmologique », un rayonnement relâché par les atomes environ 380 000 ans après le Big Bang.

Les immenses progrès des observations du ciel, depuis la Terre ou depuis des satellites, dans des domaines de longueur d'onde lumineuse variés, ont confirmé la plupart de ces prédictions, et permis la mesure des paramètres essentiels du modèle. Qui dit excellent accord entre théorie et observation, dit aussi que les quelques discordances sont vite devenues les problème centraux de notre modèle physique du monde, sous les termes de « Matière Noire » et d'« Energie Noire ».

Les grandes questions actuelles

La Physique se trouve aujourd'hui au cœur d'un immense paradoxe. Les avancées théoriques et expérimentales ont permis de construire un ensemble de savoirs d'une ambition et d'une puissance jamais atteintes précédemment. En pratique, cette base de savoirs a permis le développement de techniques extraordinairement efficaces à changer la vie des hommes, qu'on trouve cela bon ou non… Au-delà des techniques, cette base offre aux hommes la possibilité totalement originale de penser leur univers de façon cohérente dans le cadre rationnel, sans faire appel à aucune pensée magique. Ou plutôt, la pensée irrationnelle est repoussée au-delà de frontières bien explicitées par le cadre rationnel lui-même. En gros, dans le temps : notre ignorance est restreinte aux tout premiers instants de l'univers moins de 10^{-12} secondes après le Big-Bang ; et dans l'espace : nous ignorons la structure de la matière pour les très petites dimensions, en dessous de 10^{-19} m. En principe, si notre théorie est correcte, il n'y a pas de limite à notre compréhension pour les grandes distances. A l'intérieur de ces limites, tout phénomène observé doit pouvoir être interprété et compris dans le cadre théorique. Toute déviation est scrutée et analysée, car elle peut remettre en question l'ensemble du cadre. On est là très, très loin d'une théorie comme celle des tourbillons de Descartes par exemple, pas si lointaine (1644), qui attribuait le mouvement des planètes à la présence d'un éther jamais observé, agissant sur les planètes par l'intermédiaire de « tourbillons », théorie sans aucune confirmation expérimentale, et ne permettant d'ailleurs aucune prédiction permettant de la mettre à l'épreuve.

Il n'est donc pas très étonnant que cette ambition prométhéenne ne soit pas totalement satisfaite, et que des questions soient apparues, de grandes questions à la mesure de l'ambition originale.

Matière et Energie Noires

La première grande question est posée de façon très naturelle par des observations qui ne concordent pas avec la théorie. Ce devrait être le mode habituel d'évolution des théories, et de notre vision du monde : une observation n'entre pas dans le cadre, il faut modifier le cadre, ou en inventer un nouveau. Nous allons voir que la situation actuelle est un peu plus complexe.

La Matière Noire

Dès les années 1930, on observe (Zwicki) une anomalie dans la rotation des galaxies : les étoiles les plus extérieures tournent « trop vite », comme si elles étaient attirées vers le centre de la galaxie par une quantité de matière bien supérieure à celle de l'ensemble des étoiles visibles de la galaxie. L'interprétation la plus simple est d'imaginer la présence d'une matière « noire » (au sens où elle ne brille pas sous forme d'étoiles), seulement décelable par son influence gravitationnelle sur les étoiles visibles. Il s'agit là de répéter une méthode qui a déjà réussi, par exemple pour la célèbre découverte de Neptune, mise en évidence par ses perturbations de l'orbite des autres planètes.

Par la suite, de nombreuses autres observations montrent différents aspects de cette anomalie, à plus grande échelle (amas de galaxies), ou dans l'évolution de l'univers jeune après le Big-Bang (mesure du fond diffus cosmologique). Comme le modèle est censé être cohérent, toutes les hypothèses ont été passées en revue sur la nature de cette Matière Noire, mais aucune forme de matière connue n'en possède toutes les caractéristiques. On a même prouvé qu'il ne peut pas s'agir d'une forme de matière déjà connue.

L'Energie Noire

A la fin des années 1990, l'observation d'astres très lointains (des supernovæ, très lumineuses) montre que la dilatation de l'univers ne se conforme pas au modèle d'expansion issu de la théorie du Big-Bang. Apparemment, l'univers se dilate plus vite que prédit par le Big-Bang, et cette différence s'accroît avec le temps. Il ne s'agit pas d'une petite correction : à notre époque (13,8 milliards d'années après le Big-Bang), le taux d'expansion de l'univers dû au Big-Bang « standard » et celui dû à cette cause mystérieuse sont comparables. Ces mesures ont été répétées depuis avec davantage de précision. A nouveau, pour interpréter ces observations on doit faire appel à un ingrédient supplémentaire. Comme il ne peut s'agir de matière (dont la présence au contraire ralentirait l'expansion), on lui donne le nom encore plus vague d'« Energie Noire ». Il se trouve qu'une possibilité est offerte par la théorie de la Relativité Générale, sous la forme d'un paramètre fixe, appelé par Einstein « constante cosmologique ». Après quelques hésitations, ce paramètre a été simplement ignoré des années 1920 à la fin du XXe siècle, car sans lui la théorie suffit à décrire un univers en expansion en bon accord avec les mesures imprécises de l'époque. Seuls quelques esprits impertinents se demandaient pourquoi ce paramètre devrait être précisément égal à 0. La découverte de l'expansion *accélérée* remet au goût du jour la fameuse constante, dont on mesure aujourd'hui une valeur non nulle, et ce dans plusieurs contextes différents.

Mais à nouveau, la théorie microscopique, le Modèle Standard, n'offre aucune description de cette forme d'énergie. Pire, les tentatives pour en calculer la densité (la quantité locale) à partir des équations de la théorie des champs quantique relativiste, aboutissent à des valeurs complètement irréalistes, quelque 10^{40} fois la valeur observée.

Dans les deux cas, Matière Noire et Energie Noire, les physiciens sont confrontés à un choix déchirant : en toute rigueur, l'une ou l'autre de ces observations suffirait à contredire le cadre théorique et conduire à son abandon. Mais l'abandonner pour quoi ? Il n'y a pas actuellement d'alternative sérieuse, et on ne peut abandonner si facilement un modèle qui a atteint un nombre extraordinaire de succès… D'ailleurs, pour ce qui concerne la cosmologie on dispose de descriptions assez simples dans le cadre du modèle : Matière Noire et Energie Noire, à condition d'ignorer l'abîme avec la théorie microscopique. Un renoncement difficile, puisque cette cohérence entre micro et macro, voire univers entier, est à la base même de toute la démarche de la Physique contemporaine.

Les problèmes du Modèle Standard

Les observations liées à Matière Noire et Energie Noire font penser au cycle classique : une nouvelle observation expérimentale en contradiction avec le modèle en vigueur induit la découverte d'un nouvel ingrédient ou une remise en cause de modèle. Mais à l'intérieur même du Modèle Standard de la physique de l'élémentaire, il existe aussi des questions de cohérence théorique.

La question la plus simple est simplement : « pourquoi ? » Dans le Modèle Standard, il y a 12 particules élémentaires, que l'on peut ranger en 3 familles de 4 particules chacune (deux quarks, un « lepton chargé » comme l'électron, et un neutrino). En simplifiant beaucoup, la première famille contient les composants des particules de la matière ordinaire : protons, neutrons, électrons, neutrino. Les deux autres familles reproduisent les mêmes propriétés (charge électrique, etc.), mais avec des masses de particules différentes.

Ces composants sont soumis (ou non) à deux interactions, chacune avec une forme, une structure mathématique, particulière. Ces 3 familles font évidemment penser à un mini tableau de Mendeleïev, mais nous n'en avons pas la clé : pourquoi la première famille est-elle reproduite deux fois ? Pourquoi ces deux types d'interactions, et qu'ont-elles en commun ?

De même, le modèle contient de nombreuses valeurs arbitraires (une trentaine), non prédites par la théorie, qu'on ne peut que mesurer expérimentalement. Parmi ces valeurs arbitraires il y a les masses des particules élémentaires. Du point de vue théorique, ces masses jouent des rôles similaires, mais leurs valeurs expérimentales sont extraordinairement différentes : le rapport entre la masse du quark le plus lourd (le quark « top ») et celle du quark le plus léger (le quark « up ») est de 100 000, et avec la masse du neutrino le plus léger, au moins mille milliards. Cela n'a rien d'impossible théoriquement, mais pour un physicien, de telles différences sont souvent dues à une cause sous-jacente inconnue.

Les autres questions internes sont plus complexes. Sans entrer dans les détails, elles se posent si l'on tente d'extrapoler la théorie par la pensée, très au-delà du domaine accessible aujourd'hui par l'expérience. Un problème particulier, très technique, est appelé le « problème de la hiérarchie » : les calculs montrent que le boson de Higgs, si important dans le Modèle Standard, est très sensible aux effets quantiques, voire même beaucoup trop sensible. Toute tentative d'inclure le Modèle Standard dans une théorie plus vaste, qui aurait par exemple l'ambition de répondre aux « pourquoi » ci-dessus, aurait inévitablement pour conséquence de déstabiliser le boson de Higgs. Ce n'est pas une réelle incohérence, si on s'en tient au Modèle, mais c'est une situation peu plaisante.

Relativité Générale et Quantique irréconciliables, les Supercordes

Je l'ai mentionné plus haut : les deux grands piliers théoriques de notre compréhension de la nature, la Relativité Générale et la Théorie Quantique, sont incompatibles. Tentons de voir d'un peu plus près en quoi tient cette incompatibilité. Cela a trait aux façons très différentes de concevoir l'espace-temps et la matière dans les deux théories.

Pour la Théorie Quantique, l'espace-temps est essentiellement conforme à l'idée que nous nous en faisons : l'espace est mesuré par une grille régulière et rectangulaire sur 3 axes rigides : longueur/largeur/hauteur. Le temps en chaque point se déroule de façon linéaire. Ni l'espace ni le temps ne sont influencés par la présence ou l'absence de matière. La Théorie Quantique autorise certes la matière à pratiquer les fluctuations de positions de vitesse, d'énergie, etc. qui la caractérisent, mais il est assez facile d'effectuer des moyennes qui, elles, se comportent « bien », c'est-à-dire comme nos sens nous l'indiquent. *En moyenne*, la position de la particule est définie, comme l'est sa vitesse. Considérant un grand nombre de particules, la *probabilité* qu'elles fassent ceci ou cela est bien définie, et on peut la calculer par la théorie. Il faut même se donner beaucoup de mal pour que des effets purement quantiques persistent pour des dimensions d'objet grandes, des temps longs, ou des grands nombres de particules. Et même si l'espace vide est plein de fluctuations potentielles d'énergie et de matière, ces fluctuations ont une moyenne nulle, le vide nous apparaît comme vide et les « grands » objets comme bien définis.

Pour la Relativité Générale, la géométrie de l'espace-temps est « souple ». La grille qui mesure les positions et la date est déformable, et elle se déforme sous l'influence de la présence de matière. On prend souvent l'image d'une feuille de caoutchouc plane sur laquelle serait tracée une grille orthogonale pour repérer les points : poser une masse de matière dessus (une bille massive) déforme la feuille et courbe la grille. Si l'on envoie une autre bille « test » sur la feuille, elle sera attirée vers la première à cause de la déformation de la feuille, et nous interprétons cette déviation comme l'attraction gravitationnelle.

Dans cette vision, la matière ou l'énergie ne fluctuent pas, et les mouvements résultent de l'interaction entre la matière et la géométrie.

On voit facilement quelle peut être la difficulté de combiner ces deux descriptions : en chaque point de l'espace-temps, la Théorie Quantique autorise (et même impose) une certaine quantité de fluctuations d'énergie ou de matière. Vu sous l'angle Relativité Générale, une telle fluctuation entraîne une déformation locale de l'espace-temps. La grille des coordonnées devient elle-même fluctuante. La feuille de caoutchouc lisse devient une sorte de mousse où se forment et se déforment creux, bosses, de toutes formes et toutes tailles. Il eut été possible que ce cycle infernal fluctuation → déformation → fluctuation soit lui-même « moyennable », et que vue de loin, la mousse ressemble encore suffisamment à une feuille sur laquelle persistent des coordonnées et des particules bien individualisées. Mais il se trouve que ce n'est pas le cas : ce cycle est du genre qui diverge, chaque fluctuation entraînant une déformation puis une fluctuation plus grande, etc. Il devient impossible de définir un événement dans le temps et l'espace, ou de définir une particule, ou même de définir le vide.

On en oublierait presque que cette « crise » n'est qu'une crise théorique, une crise de la représentation du monde à partir de deux conceptions différentes et incompatibles : dans la nature, le vide reste vide et se moyenne gentiment à zéro particule, et la gravité continue de s'exercer sur les objets macroscopiques sans enfreindre ses limites. Le problème n'est que dans les *descriptions* différentes que proposent ces deux théories.

De très nombreuses tentatives ont été faites pour réconcilier ces deux approches, la plus célèbre étant la « théorie des cordes ». Celle-ci propose que la matière ne soit pas définie indépendamment en chaque point de l'espace, mais qu'elle soit vue comme un ensemble de minuscules cordes vibrantes. En quelque sorte, ces cordes introduisent des corrélations entre les possibles fluctuations de la matière en différents points de l'espace, et limitent ainsi leur tendance à croître sauvagement. La théorie est mathématiquement fort complexe, et il est apparu qu'elle n'atteint son but, autoriser une description quantique de la gravité, que si l'espace possède 10 dimensions, plutôt que les 3 habituelles (longueur, largeur, hauteur). Comme on n'observe ici-bas aucun effet qui reflèterait la présence de ces 7 dimensions supplémentaires, on doit supposer qu'elles sont « compactifiées », c'est-à-dire entortillées sur elles-mêmes dans un rayon très petit. Pour comprendre cette notion de « compactification » dans notre espace à 3 dimensions, il suffit de se représenter un long tube. On peut repérer un point sur ce tube par 2 dimensions : la distance le long du tube et la position sur le cercle autour du tube à cette distance. Cette position autour du tube est la dimension compactifiée : en effet vu de loin, le tube apparaît comme un fil et n'a plus qu'une seule dimension, la longueur. De même, les dimensions supplémentaires de la théorie des cordes ne seraient visibles que « de très près », à toute petite distance, mais seraient indécelables avec nos moyens d'exploration actuels.

Après son invention, la théorie des cordes a suscité beaucoup d'espoir. On a pensé que ce cadre mathématique rigoureux, précis, pouvait se révéler fertile, et même apporter davantage que ce pour quoi il avait été inventé. En plus de permettre une version quantique de la gravitation, on a rêvé que cette théorie apporte aussi des réponses aux grandes questions observationnelles, comme celle de la Matière Noire et de l'Energie Noire. Malgré des décennies d'effort, ce n'est aujourd'hui pas le cas. Il s'est avéré que le modèle n'est pas assez contraignant pour être prédictif : il n'est par exemple pas possible d'en déduire de façon déterminante les propriétés des particules et interactions connues, décrites par le Modèle Standard. En simplifiant beaucoup, les façons de « compactifier » (entortiller) les dimensions supplémentaires sont extrêmement nombreuses, et à partir d'une théorie des cordes, on peut fabriquer des milliards de milliards de milliards... (etc.) de types différents d'univers. La théorie n'est pas à proprement parler « fausse » : elle est bien définie mathématiquement, mais elle est incapable de faire des prédictions, ni même de répondre à des questions du type « pourquoi 12 particules élémentaires ? »

Le paradoxe de la Physique actuelle

Depuis le début de la science moderne, disons depuis Newton, jusqu'à la fin du XXe siècle, les progrès de la Physique ont été rapides. Inventions théoriques et découvertes expérimentales se sont nourries les unes des autres et ont apporté en permanence de nouvelles conceptions de la nature, et conféré de nouveaux pouvoirs à l'homme pour l'utiliser. Mais depuis plusieurs décennies maintenant, la Physique de l'élémentaire est confrontée aux grandes questions évoquées ci-dessus. Attention, ceci ne signifie pas que toute la Physique stagne ! En parallèle le progrès continue bien sûr à un rythme très soutenu dans de nombreuses branches de la Physique, avec de grandes perspectives, comme l'ordinateur quantique par exemple (j'y reviendrai plus loin).

En physique des particules aussi, les progrès ont été immenses, même depuis que les « grandes questions » sont apparues. Mais paradoxalement, chaque nouvelle mesure réelle, et même chaque nouvelle expérience de pensée, rend les questions plus prégnantes. On a toujours deux théories, chacune incroyablement féconde et vérifiable dans son domaine, et en même temps une liste de questions non résolues.

Il n'est pas du tout impossible que quelqu'un vienne avec un tout nouveau cadre théorique, à la façon « Œuf de Colomb », et renouvelle le mythe d'Einstein, de la nouvelle théorie qui dévoile soudainement tous les mystères. Il n'est pas impossible non plus qu'une nouvelle mesure auprès d'un accélérateur ou une nouvelle observation du ciel révèle un signe clair de la nature de la Matière Noire ou de l'Energie Noire, et offre le fil d'Ariane à tirer pour changer de paradigme théorique. En attendant, il faut s'armer de courage pour chercher, explorer par l'observation et par l'esprit.

III. Comprendre le monde

Admettre ou comprendre[4]

Lorsque nous regardons la nature autour de nous, nous voyons toutes sortes de formes. Nous pouvons les voir et les apprécier telles qu'elles sont, sans chercher à les classer, sans les mettre en relation, en un mot sans les expliquer. Par exemple nous voyons le reflet d'une montagne dans un lac tranquille. Il est possible de ne voir dans ce reflet qu'une image parmi toutes les autres parties du paysage, les autres montagnes, les roches du premier plan, les plantes, sans plus se poser de question. Mais il est aussi très naturel de remarquer que l'image de la montagne elle-même et l'image de son reflet ont des formes similaires, mais opposées par une symétrie, puis de se demander « pourquoi ? », pourquoi ces deux images sont-elles symétriques. C'est le début de la démarche scientifique.

Il n'est d'ailleurs pas si évident de trouver une « explication » à ce reflet. La réponse standard d'aujourd'hui repose sur la loi de la réflexion de la lumière, et se formule de la façon suivante :

- L'image de la montagne elle-même que nous percevons, pour chacun de nos yeux, provient de l'ensemble des rayons lumineux qui partent de la montagne et qui arrivent dans notre œil en ligne droite.
- L'image du reflet de la montagne perçue par notre œil, provient de l'ensemble des rayons lumineux qui partent de la montagne, sont réfléchis à la surface du lac et arrivent dans notre œil.

---

[4] L'exemple du reflet de la montagne sur le lac est repris du livre « Toute la Physique *[ou presque]* en 15 équations »

- Lorsqu'un rayon lumineux atteint la surface du lac avec un certain angle d'incidence, il en repart (il est « réfléchi ») avec un angle égal et symétrique.

Si vous n'avez pas de formation scientifique, ou même si votre pratique scientifique est un peu lointaine, avez-vous formulé cette interprétation d'un reflet aussi clairement ?

Cet exemple permet de se rendre compte que la loi physique, ici la loi de la réflexion, le troisième point ci-dessus, n'est qu'une petite partie de l'interprétation, la partie « technique ». Le plus important est en fait contenu dans les deux premiers points, qui font intervenir plusieurs concepts, pas aussi simples ou naturels qu'on le pense. Tout d'abord, il faut avoir compris que « voir » n'est pas un phénomène actif, mais passif. Nous « voyons » parce que des rayons lumineux venus d'une source pénètrent dans notre œil. La notion très intuitive de « regard » est trompeuse. Nous ne jetons pas notre « regard » sur une montagne ou une personne, aussi chère que soit la personne regardée ! Tout au plus nous tournons nos détecteurs (nos yeux) dans sa direction, permettant ainsi à une petite partie des rayons lumineux qu'elle émet d'y pénétrer et de produire une sensation visuelle. La phrase très courante de roman « elle sentait son regard sur son dos » est absurde d'un point de vue rationnel.

Ensuite, il y a dans l'identification entre image directe et image reflétée comme provenant d'une cause commune, des approximations. La surface du lac n'est pas parfaitement lisse et induit des distorsions. Les rayons lumineux qui nous arrivent directement de la montagne, ou après réflexion sur la surface du lac, ne sont pas les mêmes, et ils peuvent subir sur leur chemin différentes absorptions, courbures, etc. . Jusqu'à quel point acceptons-nous ces approximations pour identifier le reflet d'une montagne ? Bien entendu, l'habitude joue un grand rôle : ayant vu des milliers de reflets dans toutes sortes de conditions, nous en identifions plus facilement un nouveau. Aussi, le fait d'avoir vu des cas idéaux, comme un miroir ou un lac très lisse, nous aide à reconnaître le phénomène du reflet même dans un cas perturbé, comme un lac à la surface agitée par le vent. A nouveau, pour que je reconnaisse une loi physique, il faut que la nature me l'ait d'abord présentée sous une forme simple, idéale, facile à formaliser.

Cet exemple très simple nous offre deux enseignements. D'abord, que la démarche scientifique est naturelle, mais n'est en rien obligatoire. Devant un paysage, nous pouvons « admettre » ce que nous voyons, sans chercher à l'expliquer. Nous pouvons y être sensibles, le trouver beau ou non, l'utiliser tel quel pour savoir où nous sommes, ou pour y trouver de la nourriture par mémorisation si nous avons déjà observé qu'elle était là. Ou bien nous pouvons chercher à l'expliquer.

Ensuite, que chercher à « expliquer » est plus complexe que ce qu'on pourrait croire. Cela implique de nombreux processus de classification, de simplification, d'approximation. Expliquer, c'est trouver des relations approximées entre des objets simplifiés, classés de façon arbitraire !

Animisme, monothéisme, science

Je ne suis ni théologien ni ethnologue. Mais je suis intéressé aux cultures qui ont une approche différente de celle de la science. A l'opposé absolu, il y a la vision animiste du monde. Chaque objet, chaque être, est pris « en soi », est habité par la même puissance ontologique. Il n'est pas besoin de classification des objets ni des êtres, ni de simplification des relations entre eux. Du coup la connaissance humaine consiste à enregistrer ce qu'on constate de la nature, et poser dessus un discours métaphysique qu'il n'est pas besoin de mettre à l'épreuve des faits. Un reflet de cette approche se voit dans les récits des origines du monde des sociétés animistes. Elles nous paraissent souvent complexes et manquant (pour nous) de logique. Mais c'est un biais de notre culture : on peut aussi y voir le fait que comme on ne classifie pas, comme on ne simplifie pas les observations, le récit originel est très proche de la nature, avec de nombreux animaux et plantes, reproduisant sa complexité et son apparent arbitraire. Ce savoir va de pair avec une connaissance très fine de la nature, et une grande capacité de mémorisation. En revanche, il ne conduit pas au développement de la science au sens occidental, avec son évolution rapide et sa capacité d'agir sur le monde. Dans la pensée animiste, on n'interpole pas : on n'émet pas d'hypothèse sur des faits similaires aux faits observés. Et on n'extrapole pas : on n'émet pas d'hypothèse sur des faits imaginaires qui seraient la continuation des faits observés. Du coup, il n'est ni possible ni désirable, d'innover, de changer le monde. Aucun jugement de valeur dans ce constat : l'homme est-il plus heureux en se détachant de la nature et en en prenant le contrôle par la méthode scientifique, ou en en demeurant un élément parfaitement intégré qui fonctionne avec les autres éléments en les respectant ? Le débat reste ouvert…

En Occident, le développement de la pensée scientifique va de pair avec une « rationalisation » du modèle métaphysique. On passe de l'animisme complet aux dieux égyptiens, puis grecs, puis romains, avec à chaque étape des fonctions de moins en moins spécialisées et de moins en moins « magiques ». On arrive enfin à la généralisation du monothéisme, où un seul dieu est responsable de tout, accompagné d'une cosmogonie de la Bible extrêmement réduite, où le monde est créé en seulement 6 jours, et encore chaque jour concerne-t-il une « tranche » indépendante de la nature, sans autre histoire que « Dieu a créé ceci, Dieu a créé cela ». J'ai toujours été frappé par le côté simpliste de cette genèse, par rapport aux cosmogonies d'autres cultures, africaines, amérindiennes, ou océaniennes.

Est-ce cette évolution de la religion qui a favorisé le développement de la science occidentale, ou est-ce le développement de la pensée scientifique qui a progressivement rejeté les dieux hors des arbres et des rochers, puis hors du soleil, de la mer et des champs ? Quels sont les liens entre ces parcours ? Ce n'est pas directement l'objet de ce livre, mais c'est une question à garder en tête. Par exemple sous une forme moderne : « la théorie des multivers est-elle un nouvel animisme ? »

La cohérence scientifique

Un aspect fondamental de la méthode scientifique est qu'elle exige la cohérence. Si on décrit la nature, ou un morceau de nature, par un modèle, alors le modèle doit rendre compte de *toutes* les observations de ce domaine. *Une seule* observation en contradiction avec le modèle suffit à renverser celui-ci en entier. La méthode pour progresser est d'inventer un modèle qui est en accord avec toutes les observations déjà faites, de trouver de nouveaux cas pour lesquels le modèle est capable de faire une prédiction, de réaliser l'expérience ou l'observation, et d'en comparer le résultat à celui prédit par le modèle.

Tant que l'on s'en tient à des généralités sur la méthode scientifique, c'est une évidence. Pris individuellement, cela correspond à une attitude très exigeante et bien plus difficile à tenir qu'on ne le pense. Chacun(e) a son savoir, issu de ses études, de son parcours professionnel, de ses rencontres. Mais ce savoir est-il entièrement cohérent ? A-t-on examiné systématiquement toutes les relations entre ses ingrédients ? N'y a-t-il pas quelques contradictions entre certaines images ou certains nombres qui le composent ? Ce qui importe n'est pas nécessairement l'étendue du savoir personnel, mais plutôt sa cohérence, le recul qu'on a vis-à-vis de lui et la capacité qu'on a de critiquer ses incohérences, et de soumettre à l'examen critique une nouvelle donnée, une nouvelle observation ou un nouveau concept.

Ce souci de cohérence a des inconvénients. Tout d'abord, c'est épuisant ! Si on a tendance à appliquer cette exigence à tous les aspects de la vie, celle-ci devient vite un calvaire, pour soi… et pour les autres. Plus sérieusement, cette exigence a tendance à brider la créativité. A-t-on l'idée d'une nouvelle expérience pour tester une nouvelle hypothèse ou mesurer une quantité intéressante ? Ce qui vient le plus souvent à l'esprit, c'est « non », cette expérience n'est pas possible, pour telle ou telle raison : bruit de fond trop important, détecteur insuffisant, coût exorbitant, etc. C'est si facile d'appliquer une critique rigoureuse et de laminer une nouvelle idée ou un nouveau concept, dans le cadre des idées et des concepts précédents. Le génie est alors de sortir du cadre, et de parvenir à surmonter cette attitude critique, à donner libre cours à sa créativité, tout en restant globalement cohérent. Il s'agit bien d'une forme de « lâcher-prise en pleine conscience », pour employer une expression à la mode aujourd'hui.

Les faits alternatifs

Ce n'est pas nouveau que la science soit opposée à toutes formes de croyances invérifiables, au premier rang desquelles les croyances religieuses. Mais à la fin du XIXe siècle, puis au cours du XXe, on a eu l'impression que la démarche scientifique prenait le dessus à peu près partout, que les croyances reculaient, ou du moins se trouvaient clairement circonscrites dans un domaine identifié, bien délimité. On s'est trompé, puisque l'arrivée des réseaux dits sociaux a fait exploser le nombre et la nature des « faits alternatifs », des affirmations de toutes sortes basées sur le récit, le contact, et non sur la vérification. En fait la tendance s'était inversée avant l'arrivée de ces réseaux, par exemple la remontée des thèses créationnistes aux USA, commencée dès la fin des années 1990. Ceci est sans doute lié au « trop de science », au besoin de dépasser l'approche scientifique, de ré-enchanter le savoir, « enchanter » au sens de « ensorceler », restituer le côté magique. Mais ces résurgences restaient relativement limitées dans leur domaine et dans la population atteinte : certaines communautés de religion (créationnisme), ou certains groupes relativement homogènes (homéopathie). La frontière entre fait établi et croyance était assez bien marquée, à de rares (mais célèbres) exceptions près, comme la rumeur que l'homme n'avait jamais marché sur la lune. Dans la pratique, une image ou un son restaient difficiles à trafiquer et peu de controverses émergeaient, sauf pour de forts motifs politiques, mais dans ce cas on était en quelque sorte prévenus.

Aujourd'hui, le savoir basé sur la méthode scientifique perd sa position singulière pour n'être plus qu'une source d'informations parmi d'autres.

Avec le numérique, trafiquer une image ou un son est à la portée de tous, et le diffuser sur les réseaux aussi. Recueillir l'assentiment d'un nombre très important de personnes, comparable à celui d'un parti politique ou d'une petite église, ne demande que quelques heures. En général, ces manipulations ont une portée politique directe. Mais on trouve aussi beaucoup de cas pour lesquels la portée politique paraît indirecte ou pour le moins confuse : il existe par exemple un grand courant qui affirme que la Terre est plate (« platistes »).

La question la plus dérangeante n'est pas dans l'absurdité de ces affirmations, mais dans ce qui nous apparaît comme une évidente contradiction logique. Comment peut-on soutenir que la Terre est plate lorsqu'on se sert quotidiennement d'une antenne de télévision par satellite ? Plus en profondeur, il y a là une fracture sociologique majeure. Evidemment, la télévision par satellite fonctionne. Mais les tenants de la Terre plate laissent entièrement « à d'autres » le savoir relatif à ce fonctionnement. A mon sens, le problème n'est pas qu'une fraction de la population du monde croie et relaie des affirmations évidemment fausses. Tout savoir a ses limites, et sans le vouloir nous colportons certainement nombre d'idées erronées ou qui paraîtront erronées après quelque progrès scientifique. Le problème est davantage que cette population accepte d'utiliser les résultats de la science sans se les approprier, en en remettant entièrement savoir et responsabilité à d'autres. D'un côté les groupes platistes admettent et défendent une croyance absurde, et ils dénoncent le complot d'une supposée classe dirigeante, ou de nations dirigeantes, qui feraient croire que la Terre est sphérique. De l'autre ils se soumettent totalement à la technique des réseaux de télécommunications. Ce faisant, ils se soumettent aussi à leur mentalité, et à leur marché. Et on ne peut pas espérer des opérateurs du marché qu'ils fassent quoi que ce soit pour rétablir la vérité. Un appel, une connexion, un clic inspiré par un groupe platiste est toujours un appel, une connexion ou un clic… J'aimerais tant voir sur un écran de chaîne de télévision par satellite la mention : « Ceci est un réseau de communication par satellite, basé sur le fait que la Terre est ronde et sur la Physique de Newton et de Maxwell. Pour accepter, cliquez ici ».

IV. Qu'est-ce qu'une loi physique ?

Modélisation, paramétrisation. La loi des gaz parfaits.

Pour appréhender la nature autour de nous de façon plus efficace qu'en décrivant chaque phénomène individuellement, et surtout pour nous permettre d'utiliser la nature à notre profit, nous la décrivons à l'aide de lois physiques. En général, on part d'un certain nombre d'observations, de mesures, que nous avons faites soit sur la nature directement, comme en astrophysique, soit comme aboutissement d'une expérience, c'est-à-dire d'une situation que nous avons nous-même provoquée, dans un laboratoire. Dans l'ensemble de ces observations et mesures, nous repérons des régularités, comme nous avons repéré la similitude entre la montagne et son reflet. Par exemple, entre deux quantités X et Y, variables dans le cours d'une expérience, la régularité la plus simple à repérer est la proportionnalité. C'est ce que les physiciens appellent une relation linéaire entre X et Y, car sur un graphique où l'on fait figurer chaque situation expérimentale par un point de coordonnées X et Y, les points se trouvent sur une ligne droite. Nous sommes extrêmement influencés par cette notion de proportionnalité, qui nous est si naturelle : parcourir à vélo une distance deux fois plus longue me prendra deux fois plus de temps, trois fois plus de patates pèsent trois fois plus lourd, dix fois plus de patates coûte dix fois plus cher… ah ! ici intervient la notion de non-linéarité : dix fois plus de patates coûte souvent un peu moins que dix fois plus cher…

Un grand nombre de lois physiques très importantes ont été énoncées sous forme de simple proportionnalité :

- Loi de la réflexion : le reflet dans l'eau ou dans un miroir. L'angle de sortie est égal à l'opposé de l'angle d'incidence (proportion de coefficient -1)
- Deuxième Loi de Newton $F = m \times a$: la force F induit sur un objet une accélération a. L'accélération est proportionnelle à la force, le coefficient de proportionnalité est appelé la masse de l'objet, m.
- Loi de Hooke : $F = k \times X$: une force F induit sur un ressort un allongement X. L'allongement est proportionnel à la force, le coefficient de proportionnalité est noté k.
- Loi d'Ohm $U = R \times I$ aux bornes d'un conducteur simple, la tension est proportionnelle au courant qui le traverse, le coefficient est la résistance R.
- Pour les gaz (gaz dits « parfaits ») : la loi de Charles énonce que le volume V est proportionnel à la température T (à pression constante), la loi de Gay-Lussac énonce que la pression P est proportionnelle à T (à volume constant).

Bien entendu il nous arrive de repérer des relations régulières entre variables, autres que la proportionnalité. Par exemple, pour les gaz, la loi de Boyle-Mariotte énonce que la pression est proportionnelle à *l'inverse* du volume, $P \sim 1/V$: le même gaz comprimé dans deux fois *moins* de volume a une pression deux fois *plus* élevée.

La réunion des 3 lois des gaz ci-dessus donne la loi des gaz parfaits : $P \times V = a \times T$.

Il me semble important de souligner à nouveau ici les aspects « modélisation » et « paramétrisation » dans l'énoncé d'une loi physique. Au vu d'un ensemble de mesures, nous avons défini certaines variables qui nous ont paru naturelles, et énoncé une relation mathématique qui les relie. Les deux aspects sont indissociables l'un de l'autre. Certaines variables sont vraiment « naturelles », d'autres moins, d'autres enfin ne nous viennent à l'esprit que dans la mesure où elles sont associées à une loi simple. La loi des gaz parfaits offre un excellent exemple pour examiner ces notions de variables « naturelles » ou non, et de modélisation.

La loi des gaz parfaits et la température

Avant d'examiner cette loi des gaz parfaits de plus près, donnons tout de suite son interprétation moderne, découverte au milieu du XIXe siècle. Tous les corps sont constitués d'atomes, ou de molécules (des groupements d'atomes). Un gaz est la forme du corps où ces molécules (au sens large, pour certains corps la molécule est un atome seul) sont relativement indépendantes et s'agitent en tous sens dans l'espace. La pression du gaz sur les parois d'un récipient est due aux chocs des molécules sur ces parois. La température est une mesure de l'énergie cinétique des molécules (l'énergie contenue dans leur mouvement). Pour un gaz assez dilué, la pression est basse (peu de chocs sur les parois), il y a très peu de collisions entre molécules, et on voit facilement que la loi des gaz parfaits est vérifiée : dans un volume plus petit il y a davantage de chocs sur les parois et la pression augmente ; une température plus élevée signifie des molécules se déplaçant plus vite, occasionnant plus d'impact dans les chocs sur les parois, donc plus de pression. A haute pression (on a mis beaucoup de gaz dans le même récipient), les molécules du gaz occupent une fraction importante de l'espace, leurs collisions sont fréquentes, ce qui diminue en proportion les chocs sur les parois, et le gaz ne suit plus la loi des gaz parfaits.

Pour pouvoir énoncer cette loi, il faut déjà disposer des notions précises de pression P, de volume V, et de température T. Certes, les trois notions paraissent très simples, très intuitives, mais qu'en est-il pour des définitions précises ? Si on y réfléchit, seul le volume est vraiment « naturel ». La notion de volume préexiste très largement aux tentatives de décrire la physique des gaz : on s'en sert depuis des siècles pour évaluer les quantités des liquides et des graines, pour leur description ou leur commerce. La pression est déjà une quantité moins simple : on en ressent vaguement la notion si on appuie sur une surface molle, de la glaise ou du bois, avec un outil de section plus petite ou plus grande, qui imprime une marque plus ou moins importante. Mais il n'est pas si facile d'énoncer clairement que la pression est une force par unité de surface. La force est assez facilement définie par similitude avec un poids, mais de là à définir correctement la pression d'un gaz dans un récipient, et la mesurer, cela suppose déjà toute une construction intellectuelle et expérimentale. Comprendre que nous vivons dans un gaz, l'air, à une certaine pression, et que, par exemple, celle-ci varie avec l'altitude, est encore plus complexe.

Quant à la température T qui intervient dans la loi, c'est la plus abstraite des trois quantités. Il s'agit de la température absolue, en Kelvin (K), pour laquelle notre 0° habituel (Celsius) vaut 273,15 K. De nos jours, la définition de la température est basée sur notre compréhension en termes de physique statistique : la température mesure le degré d'agitation des atomes ou molécules d'un corps : 0 K correspond à l'immobilité parfaite, et une unité de température correspond à une certaine augmentation de l'énergie cinétique des molécules (leur vitesse). Mais avant la Physique moderne, seule la sensation du toucher pouvait établir une hiérarchie de températures : plus chaud, moins chaud. Même à l'époque où la loi des gaz parfaits a été établie, il n'était pas du tout évident de définir une échelle cohérente de températures. Plusieurs échelles ont ainsi été proposées, les plus connues étant Fahrenheit et Celsius. On sait maintenant convertir les échelles entre elles, et les convertir dans l'échelle absolue, en K.

Ces définitions originelles de la température mettent en avant un point très intéressant, un peu délicat à expliquer. Concentrons-nous un instant sur l'échelle Celsius. Elle a été définie commodément par son point zéro degrés : température de la « glace fondante » (un mélange en équilibre de glace et d'eau), et son point 100 degrés, température de l'« eau bouillante » (un mélange en équilibre d'eau et de vapeur d'eau à la pression atmosphérique). Bien. Mais une fois qu'on a défini ces deux points, comment définit-on un degré ? Comment découpe-t-on en 100 degrés l'intervalle entre la glace et l'eau bouillante ? Pour établir une échelle permettant de mesurer n'importe quelle température, même entre ces deux points, il faut davantage que les seules extrémités. Pour mieux comprendre cette subtilité, supposons que j'aie défini une certaine échelle avec 100 divisions entre la glace fondante et l'eau bouillante. Rien ne m'empêche de modifier cette graduation en prenant des intervalles plus grands en bas de l'échelle (par exemple en fusionnant les intervalles d'origine deux par deux en dessous de 66°), et des intervalles plus petits en haut de l'échelle (par exemple en divisant chaque intervalle d'origine au-dessus de 66° en deux) : j'aurai toujours 100 divisions, mais une température de 50° dans la première échelle sera de 25° dans la seconde !

Comment donc Charles en 1787, et Gay-Lussac en 1802, peuvent-ils imaginer leurs « lois », alors qu'ils ne disposent pas de la notion de température absolue, mais seulement des échelles Fahrenheit ou Celsius ? La loi de Charles V = a × T, et celle de Gay-Lussac P = b × T ne marchent pas si on utilise directement l'une ou l'autre de ces échelles. Mais elles marchent *presque* : la dépendance du volume et de la pression en fonction de la température Celsius est bien linéaire, mais avec un décalage constant : il suffit d'ajouter 273,15 degrés à la température en Celsius (ou 459,67 degrés à la température Fahrenheit) pour que les lois de Charles et de Gay-Lussac soient vérifiées.

Il y a au moins trois « miracles » dans cette histoire :

- Les gaz habituels obéissent à la loi des gaz parfaits dans les conditions ordinaires : autour de la pression atmosphérique et de la température ambiante.
- Par des mesures soigneuses du comportement de ces gaz entre 0 et 100 degrés Celsius, et en imaginant que les lois de Charles et de Gay-Lussac *devraient* être satisfaites, on peut *deviner* qu'il existe un zéro absolu, à -273,15 degrés Celsius.
- La division en degrés Celsius entre 0 et 100 °C convient parfaitement : pour obtenir la température absolue, celle qui va justement vérifier l'équation PV = a T, il suffit d'ajouter le nombre 273,15 à la température Celsius. A priori, rien ne le laissait supposer. Pourquoi pas une correspondance un peu plus compliquée, par exemple :

$$T_{absolue} = T_0 + a \times T_{Celsius} + b \times T_{Celsius}^2 \text{ ?}$$

Pour comprendre l'origine de ce dernier miracle, il faut remonter aux expériences qui ont mené à la définition de la température. La division de l'intervalle 0 - 100 ° C en degrés Celsius a été faite au départ avec un thermomètre à mercure, identique aux thermomètres à mercure encore en service aujourd'hui, du moins avant l'arrivée des thermomètres électroniques. Une petite quantité de mercure est enfermée dans un tube et se dilate si on la chauffe de 0° à 100 °C. La surface du mercure se déplace le long du tube, dont la graduation en intervalles réguliers (en mm) crée l'échelle de température. Il se trouve que beaucoup de corps se dilatent linéairement avec la température absolue. Autrement dit, avant même de préciser le concept de température, on a constaté que si on chauffe ensemble du mercure, un autre métal, de l'air, ou un autre gaz, tous se dilatent de façon proportionnelle entre eux : si lorsqu'on les chauffe, l'un augmente son volume de 10 %, le volume de chacun des autres augmente aussi de 10 %. Il suffit donc de prendre l'un d'entre eux pour référence, pour créer un thermomètre étalon et définir l'échelle de température.

Mais cette similitude entre des corps aussi différents que le mercure et l'air n'est pas du tout aussi « naturelle » qu'on pourrait le penser ! Il se trouve que certains corps ne suivent pas un tel comportement. Par exemple, le tungstate de Zirconium (ZrW_2O_8), se *contracte* continument lorsque la température augmente de 0,3 K à 1050 K ! Le Silicium pur, quant à lui, se contracte en passant de 30K à 120K, puis se dilate ensuite pour des températures plus élevées.

Imaginons que tous les corps communs aient des comportements tous différents vis-à-vis de la température, certains se contractant, d'autres se dilatant, et le reste changeant de tendance pour différentes gammes de température, voire changeant plusieurs fois, pourquoi pas ? Dans ces conditions, il aurait été très difficile de définir une échelle commune de température, c'est-à-dire de transcrire dans une quantité unique, universelle, ce que notre main décèle si facilement : plus chaud, moins chaud. Pour définir une « bonne » variable, il faut que nous puissions voir dans la nature une certaine régularité. Une régularité assez « large » pour que la notion prenne sens. A quoi me servirait un thermomètre pourvu d'une graduation pour laquelle aucun gaz n'apparaîtrait comme parfait ? Avec lequel je ne pourrais prédire la dilatation d'aucun solide ? Et même, si pour mon thermomètre la dépendance entre volume et température change de tendance à 39 degrés C, l'indication « 37 » pourrait vouloir dire que je suis soit bien portant, soit à l'article de la mort…

De même, si notre atmosphère était extrêmement dense, ce ne serait plus un gaz parfait. Aurions-nous pu trouver la loi des gaz parfaits dans ces conditions ?

Les régularités dans la nature, les échelles

Essentiellement, nous imaginons des modélisations qui reprennent certaines régularités qui existent dans la nature. La grande question est de savoir si ces régularités sont essentielles, et couvrent une large part des phénomènes naturels, ou non. Dans le premier cas, la nature serait essentiellement organisée en grands domaines réguliers, le reste étant plus chaotique et échappant à notre description. A l'opposé dans le second cas, la nature serait pleine d'irrégularités, et nous ne ferions que repérer ici et là de petits domaines réguliers que nous parvenons à modéliser.

La Physique moderne penche plutôt en faveur de la première possibilité. Il semble bien que la nature soit organisée en grands niveaux de structures qui sont relativement indépendants les uns des autres. Ainsi, il est très important de comprendre que la matière est faite d'atomes. Mais heureusement, le détail de la position, de l'état d'énergie ou de spin de chaque atome n'est pas déterminant pour décrire l'état d'un morceau de matière. De même, un atome contient un noyau atomique. Certes, mais l'état de l'atome ne dépend pas à tout instant de la configuration exacte de son noyau. Et ainsi de suite… Il existe ainsi des *échelles* assez bien séparées : noyaux, atomes, matière ordinaire, système solaire, galaxie, amas, univers, entre lesquels les échanges sont habituellement assez faibles : en jargon de physicien on dit que ces échelles sont *faiblement couplées*. Pour chaque niveau, le niveau du dessous est vu comme moyenné, avec peut-être quelques signes de fluctuations, mais pas plus. Si le couplage entre échelles était fort, la moindre fluctuation d'un noyau (et au niveau quantique il y en a beaucoup) se propagerait à l'atome, à la matière, etc. Non seulement il serait impossible de décrire un tel état, mais sans doute il serait impossible d'avoir une matière telle que nous la connaissons, avec des structures très variées, mais stables. Tout le monde connaît « l'effet papillon » pour l'atmosphère terrestre : l'atmosphère est un système où les couplages entre échelles sont forts. Une minuscule fluctuation à petite échelle se propage rapidement à l'échelle supérieure et ainsi de suite. C'est l'exemple célèbre du battement d'aile d'un papillon au Brésil qui a comme conséquence le déclenchement d'un ouragan au Texas. Heureusement, l'atmosphère entière est un système assez fermé, et ses interactions avec le reste de la Terre sont assez faibles : cette situation « chaotique » ne s'y propage pas. Imaginons que les couplages entre électrons, noyaux, atomes, matière, planètes, étoiles, galaxies, etc. soient forts. Tout serait alors chaotique. Les différentes échelles se mélangeraient en permanence, et il y a fort à parier qu'aucune de ces structures ne pourrait apparaître, les liaisons se faisant et se défaisant en permanence à toutes les échelles.

Bref, voici une manifestation modeste, mais intéressante, du principe anthropique : nous n'existons que parce que la nature est organisée en structures d'échelles de taille (et d'énergie) bien séparées et relativement indépendantes.

A l'intérieur d'une de ces « couches », les lois physiques sont relativement simples, la proportionnalité domine, et nous pouvons espérer comprendre ces lois. Notre métier de physicien sera donc d'abord de découvrir ces structures, et d'étudier leur organisation. Une fois ces bases posées, nous pourrons explorer les points de contact entre ces différentes échelles, et la nature et l'amplitude de leurs communications. La physique nous apparaîtra alors plus complexe, moins intuitive, tant notre intuition se nourrit de l'apparence d'une nature stable, linéaire, où les effets sont proportionnels aux causes.

Qu'est-ce qu'une *bonne* loi physique ?

Nous voyons donc quels sont les ingrédients d'une bonne loi physique. Les quantités dont elle décrit le comportement sont bien définies, et sont relativement universelles. La loi est simple, du moins aussi simple que possible (malheureusement dans la Physique contemporaine les lois sont tout sauf simples !).

On pourrait écrire des milliers de lois qui ne seraient valides que pour un minuscule domaine, ne s'appliquant qu'à des objets particuliers, et dans des conditions particulières. Une telle loi serait précédée d'une longue liste de conditions de validité :

« Pour l'objet X, posé de cette façon, à telle heure et à tel endroit, alors la quantité A qui est une fonction très compliquée de la taille, du poids, et de la température de l'objet X, et la quantité B qui est une autre fonction très compliquée de de sa composition chimique et de sa dureté, vérifient la loi A = (une fonction très compliquée de B), à condition que A ne varie que dans le domaine entre 0,99 et 1,01 ».

Une telle loi ne serait évidemment pas une *bonne* loi physique. C'est ce qu'on appelle le « rasoir d'Occam », du nom du théologien et philosophe Guillaume d'Occam, XIVe siècle : plus la loi est simple, meilleure elle est, et plus sa découverte permettra d'avancer. Pourquoi, après tout ? Pourquoi adoptons toujours avec plaisir une loi plus simple que celles qui l'ont précédée ?

L'exemple classique est celui de l'héliocentrisme. Avant Copernic, la Terre est supposée fixe et les autres planètes bougent dans le ciel. De simples mesures de leurs positions montrent qu'elles ne tournent pas simplement autour de la Terre. Une planète qui se déplace dans le ciel pendant plusieurs jours ou plusieurs semaines suivant une trajectoire apparemment simple peut s'immobiliser, adopter pendant quelques jours ou quelques semaines un mouvement inverse (« rétrograde ») puis repartir vers l'avant ! Il a donc été vite évident que cette planète ne décrit pas un cercle à vitesse uniforme autour de la Terre. Ne remettant pas en cause l'immobilité de la Terre, on a construit la célèbre (célèbre pour son inanité) théorie des épicycles : il y a bien un point qui décrit un cercle autour de la Terre, mais ce n'est pas la planète elle-même. La planète décrit un cercle autour de ce point « virtuel ». Evidemment, comme on a ainsi ajouté une complication ajustable (en jargon de physicien, on dit qu'on a ajouté un « degré de liberté » supplémentaire), la description du mouvement apparent de la planète ne peut être que meilleure. Mais au fur et à mesure que les mesures se font de plus en plus précises, ce modèle ne suffit plus. On ajoute alors un cercle autour du point précédent. Et ainsi de suite, le résultat étant la « théorie des épicycles », le cas d'école d'une « mauvaise » théorie, dont les raffinements successifs ne font que masquer l'erreur de son fondement même, l'hypothèse que la Terre est immobile. Tous les physiciens modernes ont en tête ce scénario lamentable : et si la complexité de la Physique moderne n'était qu'une nouvelle théorie des épicycles…

On connaît la suite : dans la théorie de Newton, deux lois très simples : le principe fondamental de la dynamique (F = m a), et la loi de la gravitation universelle ($F = - G\, m\, m'/d^2$) sont capables d'expliquer à elles seules le mouvement des planètes avec une précision redoutable. La première, le principe fondamental de la dynamique, possède même un champ d'application beaucoup plus vaste, puisqu'elle énonce comment *tous* les corps réagissent à *toutes* les formes de forces.

Comment passe-t-on de la théorie « géocentrisme + épicycles » à la théorie « héliocentrisme + lois de Newton » ? Historiquement c'est tout le récit de Tycho Brahé, Copernic, Galilée, Képler, et enfin Newton. Mais ici, prenons simplement conscience du fait suivant : lorsque Copernic propose l'héliocentrisme (la Terre et les planètes tournent autour du soleil), cette hypothèse ne solutionne pas immédiatement le problème ! Car l'hypothèse la plus simple de l'héliocentrisme est que la Terre et les planètes décrivent des *cercles* dont le soleil serait le centre, et ce n'est pas le cas : on découvrira par la suite qu'elles décrivent des ellipses, dont le soleil occupe l'un des foyers. On a donc pendant un certain temps deux descriptions concurrentes : l'une, géocentrisme + épicycles, précise expérimentalement, mais complètement « fausse » conceptuellement, et l'autre, héliocentrisme + orbites circulaires, beaucoup plus « vraie » conceptuellement, mais bien moins en accord avec les observations ! Il faudra beaucoup d'acharnement dans les mesures, et pas mal d'intuition, pour que Kepler découvre que le modèle héliocentrique « marche » parfaitement, mais avec des orbites elliptiques, et pour une certaine relation entre la position de la planète sur son orbite, et sa vitesse le long de cette orbite, la fameuse « loi des aires ».

A chaque étape du développement des lois physiques, on retrouvera le même dilemme : garder les anciennes lois en les affinant, et en les rendant de moins en moins « séduisantes », ou prendre le risque de renverser la table, au prix d'une période de flottement voire d'un échec complet !

On peut tout de même se demander pourquoi le rasoir d'Occam fonctionne si bien. Après tout, nous manipulons de nombreuses équations compliquées, et aussi nous utilisons d'innombrables paramétrisations spécialisées et très pratiques, chacune dans son domaine d'application, qui n'ont pas de prétentions esthétiques... Sera-t-il toujours vrai que les lois les plus « simples » seront toujours les plus fécondes ?

La principale raison de cette « efficacité » des lois les plus simples à énoncer, a probablement été simplement que l'esprit humain est limité. Notre mémoire immédiate est limitée : en moyenne nous pouvons retenir environ 7 nombres de un ou deux chiffres. Nos processus mentaux le sont encore davantage : nous nous croyons très intelligents parce que nous sommes capables d'apprendre la Théorie Quantique ou la Relativité Générale, mais que penser par exemple du jeu où nous devons répondre à une liste de questions en décalant d'une seule case la réponse, c'est-à-dire qu'il faut toujours apporter la réponse à la question précédente. Sans entraînement, ce jeu très simple nous met dans l'embarras, alors que la petite gymnastique intellectuelle qu'il met en œuvre est complètement élémentaire pour un algorithme.

Pour construire un édifice théorique, une représentation du monde, nous avons besoin de structures simples, faciles à mémoriser et à utiliser.

Certes, nous avons suppléé notre cerveau limité par tout un ensemble d'aides à la mémorisation et au raisonnement. En premier lieu l'invention de l'écriture, qui permet de fixer beaucoup plus de valeurs et de concepts que la mémoire immédiate. Mais cette aide est à double tranchant : d'un côté elle pallie les défauts de notre mémoire, mais de l'autre elle l'affaiblit, car elle ne rend plus son entraînement indispensable. Et de même avec l'invention du web numérique, pour la même raison.

Par chance, comme nous l'avons vu plus haut, la nature aussi a besoin de structures simples. Il y a donc une chance de trouver une bonne description par nos esprits simples d'une nature aux structures simples.

C'est ce que fait une *bonne* loi physique, depuis que l'homme a tenté de conceptualiser le monde qui l'entoure.

Une question se pose donc, à ce stade : et si un outil nous permettait de dépasser cette limitation de l'esprit humain, nous permettait de manipuler de grandes quantités d'information, d'en appréhender globalement les relations sans avoir à les ordonner, à leur trouver un sens ? Bref, où nous mène l'Intelligence Artificielle dans ce contexte ? Nous y reviendrons, aussi.

Domaine de validité, extrapolation, frontières

Bien entendu, dès qu'on dispose d'une *bonne* loi physique, l'intérêt devient d'en explorer les frontières. Tout d'abord, par souci d'honnêteté et de rigueur, c'est-à-dire surtout de pragmatisme : comprendre quel est son « domaine de validité ». Si la physicienne peut s'illusionner en pensant que sa loi est valide universellement, l'ingénieure doit savoir qu'au-delà d'une certaine limite elle ne l'est plus. Un câble s'étire proportionnellement au poids qui lui est accroché (loi de Hooke), mais au-delà d'un certain poids, le câble s'étire beaucoup plus vite… et casse.

Ensuite, parce que la frontière, la limite du domaine de validité, va très souvent se révéler intéressante. Prenons à nouveau l'exemple de la loi des gaz parfaits. Maxwell et Boltzmann découvrent que l'hypothèse atomique (les gaz sont faits de molécules indépendantes) rend compte de la loi, pour des gaz très dilués où les molécules ne se rencontrent quasiment jamais. Mais qu'arrive-t-il à plus haute pression ? Si les molécules ont une taille, leurs collisions vont se faire plus fréquentes. Les chocs entre molécules vont diminuer la fréquence des chocs des molécules avec les parois du récipient, donc la pression, et la loi des gaz parfaits ne sera plus respectée. Par un tour de force à la fois d'intuition physique, et d'habileté mathématique, Loschmidt, à partir des travaux de Maxwell, parvient en 1865 à relier la viscosité d'un gaz (la petite déviation à la loi), et la taille des molécules, et en déduit pour la première fois l'ordre de grandeur de la taille d'une molécule d'air, quelques milliardièmes de mètres (nanomètre), une valeur si petite qu'elle est totalement hors de portée de l'observation directe par un instrument de l'époque.

L'exploration des frontières des lois se fait souvent de façon expérimentale : températures extrêmes, pressions extrêmes, courant ou tensions extrêmes, etc. Elle peut aussi se faire de façon purement intellectuelle : on se pose simplement la question « et si… ? ». Que devient la loi de Newton de l'attraction entre deux corps à très, très petite distance, quand la force (qui augmente quand la distance diminue) devient très, très grande ? C'est même devenu une méthode scientifique à part entière, après l'invention et le développement de la Mécanique Quantique, au début du XXe siècle. Cette nouvelle façon de décrire la nature est en effet si contraire à l'intuition (nous y reviendrons), que pour mieux l'explorer, ses pères fondateurs ont rivalisé dans la conception d'expériences de pensée (« gedankenexperiment »). En Théorie Quantique, les concepts et les objets sont flous et trompeurs. Seul compte le résultat du calcul. Il s'agit donc d'imaginer une expérience dont on décrit aussi précisément que possible les conditions initiales, puis d'effectuer le calcul selon la méthode quantique, méthode rigoureuse et inflexible, et d'essayer d'en interpréter le résultat. Plus le résultat du calcul s'avère contre-intuitif, plus la gedankenexperiment est intéressante ! Un des exemples les plus connus (des physiciens) est le paradoxe Einstein-Podolsky-Rosen, qui n'a très longtemps existé que sous forme de gedankenexperiment. Il s'agit du comportement d'un certain nombre de photons qui, en fin de compte (après le calcul), seraient à la fois en plusieurs endroits différents, ou arriveraient sans qu'on leur ait dit de partir, ou communiqueraient entre eux plus rapidement que la vitesse de la lumière (un comble, pour des photons), etc., etc. Bref, sans entrer ici dans les détails, ces diables de photons, même seulement imaginés, présentent à la fin du calcul un comportement qui est un véritable casse-tête pour les physiciens. Cette seule gedankenexperiment a fait couler plus d'encre que d'innombrables mesures réelles… Ce n'est qu'en 1982 que des chercheurs, au premier rang desquels Alain Aspect, ont réussi à reproduire en laboratoire les conditions imaginées par Einstein, Podolski, et Rosen, et transformer la gedankenexperiment en expérience réelle. Vous ne serez pas surpris d'entendre que le résultat est parfaitement compatible avec la Théorie Quantique : la théorie est juste, mais nous ne la « comprenons » toujours pas !

Une loi physique peut aussi se révéler d'une fécondité inattendue : inventée pour rendre compte d'une série de mesures ou de connaissances préalable, elle se révèle contenir beaucoup plus que ces ingrédients initiaux. Je prendrai deux exemples bien connus des physiciens : les Equations de Maxwell, et l'Equation de Dirac. Les Equations de Maxwell décrivent le comportement de charges et de courants électriques, et de champs électriques et magnétiques, dans le temps et dans l'espace. Maxwell les a écrites en 1865, synthétisant ainsi plusieurs lois antérieures : lois d'Ampère, de Faraday, de Gauss, de Kirchhoff... Les Equations de Maxwell unifient électricité et magnétisme d'une façon puissante, permettant le calcul et le développement d'innombrables systèmes : électro-aimants, moteurs électriques, dynamos, transformateurs, téléphone, etc. Mais si on sait bien les lire, ces équations décrivent aussi la génération et la propagation de toutes les ondes électromagnétiques. Par exemple les ondes radio, parfaitement inconnues au moment où Maxwell écrit ses équations. Loin de n'être qu'une simple paramétrisation du connu, cette loi physique ouvre donc une porte sur un inconnu immense et riche. Encore mieux, on comprendra (en particulier

Poincaré, et Lorenz) vers la fin du XIXe siècle que ces équations impliquent une curieuse intrication de l'espace et du temps : une modification des distances et des durées pour qui voyage à des vitesses proches de celle de la lumière. Ce sera le point de départ de la théorie de la Relativité, découverte par Einstein en 1905.

Le deuxième exemple est l'Equation de Dirac, écrite en 1928. A ce moment, la Théorie Quantique, découverte aussi en 1905, est déjà bien avancée. On vient d'ailleurs de mettre en évidence expérimentalement une propriété de l'électron, le spin, prédite par la Théorie Quantique, qui n'a pas vraiment d'analogue en électromagnétisme classique. Relativité d'une part, et Théorie Quantique d'autre part semblent parfaitement fonctionner, mais il n'existe pas encore de théorie commune, capable de relier ces deux aspects essentiels des particules et forces élémentaires. C'est donc à ce problème que s'attaque Dirac. Avec une créativité hors du commun, il écrit une équation simple, élégante, qui contient de façon naturelle ces deux aspects, pour l'électron. Très remarquablement, l'équation décrit le spin, récemment découvert. A ce stade, l'Equation de Dirac serait déjà une base essentielle de la physique corpusculaire. Mais il y a beaucoup mieux. Dirac se rend compte que l'équation possède deux solutions. La première représente un électron, avec toutes ses propriétés déjà connues. La seconde solution semble représenter un électron étrange, qui remonterait le temps, ou bien dont l'énergie serait négative. Loin de négliger cette solution excédentaire, Dirac l'observe et l'analyse. Il lui faudra trois ans pour en trouver une autre interprétation, totalement révolutionnaire à cette époque : la seconde solution décrirait parfaitement une particule de même masse que l'électron, de même spin, mais de charge opposée. Cet « anti-électron » pourrait même, s'il rencontre un électron, s'annihiler avec lui avec pour résultat de l'énergie pure (en fait, deux ou trois photons). L'année suivante, Blackett, qui observe les interactions de rayons cosmiques dans l'atmosphère, repère parmi les particules créées un électron de charge opposée : le « positon » de Dirac est donc bien réel. On comprendra par la suite que toutes les particules ont leur antiparticule, une particule de même masse, mais de charge électrique opposée (ainsi que leurs autres charges le cas échéant)[5]. Particules et antiparticules sont aujourd'hui étudiées et manipulées conjointement par les physiciens. Le positon est même utilisé couramment pour des examens médicaux : l'imagerie « TEP », tomographie par émission de positons.

Dirac a donc « lu » dans son équation l'existence de l'antimatière, que rien ne pouvait laisser deviner avant cette loi. L'Equation de Dirac deviendra le point de départ de la théorie qui sous-tend toute la physique des particules moderne : la « Théorie Quantique des Champs ».

---

[5] Pour être correct, certaines particules neutres, donc sans aucune charge, peuvent être leur propre antiparticule.

V. Lois justes, lois fausses, lois incomplètes, lois naturelles

Induction, falsification, Popper.

On voudrait évidemment que nos lois physiques soient « justes ». Mais que cela signifie-t-il, « au juste » ? Un théorème mathématique peut être juste, au sens où il peut être démontré logiquement, à partir d'axiomes bien définis. On mettra de côté les caveats apportés à cette phrase par les mathématiques modernes, et la notion d'incomplétude de Gödel en particulier. Pour la science, pour la Physique, là n'est pas le problème. Le problème est qu'une loi physique doit rendre compte de phénomènes naturels, dont la variété et l'étendue ne sont pas définies comme les prémisses d'un théorème. Après avoir observé 50 corbeaux noirs, puis-je en déduire l'assertion que « tous les corbeaux sont noirs » ? Cette question, appelée par les philosophes le problème de « l'induction », a fait l'objet d'un très long débat qu'il n'est pas question de reproduire ici. Une blague célèbre permet de cerner le problème en quelques mots :

« Un astrophysicien, un physicien des particules, et un mathématicien, arrivés à l'aéroport JFK de New York pour un congrès, s'approchent pour prendre un taxi. Tous ceux qui passent présentent le célèbre aspect des taxis jaunes de la ville. Dès qu'il a observé les deux ou trois premiers, l'astrophysicien se lance :

- Dans cette ville, tous les taxis sont jaunes.

Le physicien des particules attend un peu plus, puis après en avoir vu une dizaine, renchérit :

- Dans cette ville, la plupart des taxis sont jaunes.

Le mathématicien attend plus longuement et enfin il énonce :

- Dans cette ville, il existe au moins 23 taxis dont au moins un côté est jaune. »

Qui a raison ? La loi la plus correcte est-elle la plus utile ?

Karl Popper (en 1953) a exprimé ce problème sous la forme la plus simple : on ne peut jamais « prouver » une loi scientifique, une loi qui décrit la nature. Même si on a identifié soigneusement ses variables (les quantités physiques en jeu), et délimité soigneusement son domaine de validité, il restera toujours un doute. Par exemple, la loi peut sembler confirmée par des mesures expérimentales effectuées avec la précision d'aujourd'hui. Mais si demain la précision des mesures s'améliore, elles mettront peut-être en évidence une déviation minuscule certes, mais indéniable, par rapport à la loi énoncée aujourd'hui.

En revanche, dit Popper, on peut réfuter (j'emploierai « falsifier », néologisme inspiré de l'anglais) une loi physique. Une seule mesure expérimentale en contradiction avec la valeur prédite par la loi suffit à falsifier l'ensemble de cette loi. Même si, dans l'ensemble, la loi paraît bien décrire la réalité naturelle, une seule contradiction avérée avec l'expérience, aussi isolée qu'elle soit, aussi périphérique, aussi éloignée du sens principal de la loi, aussi apparemment inessentielle, et la loi se trouve remise en cause en entier.

Ainsi, lorsqu'une physicienne propose une nouvelle loi, se devrait-elle en principe de vérifier que cette loi est compatible avec *toutes* les mesures expérimentales connues. En prenant cette règle au pied de la lettre, il serait donc inutile de proposer une loi qui ne décrirait qu'une partie des données ou qui décrirait tout de façon approximative, mais contredite dans le détail par l'expérience.

Prendre cette règle au pied de la lettre serait tout de même un peu rude, et conduirait à étouffer toute créativité : une nouvelle idée ne se concrétise pas immédiatement dans une loi physique bien définie, bien réglée, capable de décrire l'ensemble des mesures et observations du premier coup. Nous l'avons vu avec l'exemple de l'héliocentrisme : heureusement qu'on n'en a pas abandonné l'idée parce que les orbites circulaires ne décrivaient pas précisément le mouvement des planètes !

Dans la Physique théorique contemporaine, devant les grands problèmes que nous avons évoqués, on peut dire que tout est permis. Toute idée nouvelle est intéressante, même si elle ne résout directement aucun de ces problèmes. Il suffit que cette idée soit originale, et propose peut-être, avec beaucoup de conditions, un fil ténu qui pourrait éventuellement apporter une esquisse de solution à l'un de ces problèmes, même si cette idée ne dit rien au sujet des autres problèmes, voire même les aggrave. De fait, plus les problèmes apparaissent fondamentaux et insurmontables, plus nous sommes prêts à poursuivre des idées très éloignées de modèles prédictifs ou même « testables ». C'est par exemple le grand reproche fait par certains à la « théorie des cordes », au moins dans sa version originale, dans laquelle l'échelle de taille des cordes est si petite qu'elle serait totalement hors d'atteinte de toute mesure ou observation.

Entre lois fausses, lois incomplètes, lois non testables…

Existe-t-il donc des théories « vraiment fausses », et quelles sont-elles ? Je dirais qu'il en existe en effet, mais ce n'est pas l'ensemble des théories falsifiées par le critère de Popper : la stricte application du critère serait beaucoup trop dure et n'autoriserait aucune innovation. Mettons de côté les théories éphémères basées sur des erreurs expérimentales flagrantes, par exemple les « rayons N de Blondlot » vers 1903, ou toutes les théories qui sont apparues après la mesure de neutrinos plus rapides que la lumière en 2011. Pour les autres, une théorie se révèle fausse lorsqu'il y a de nombreuses mesures qui la contredisent, sur le cœur même de son sujet. La théorie perd alors sa raison d'être : à quoi sert l'héliocentrisme, même bardé de plusieurs épicycles, lorsque la théorie de Newton est établie ? A quoi sert la théorie de la matière continue lorsqu'on a découvert les atomes, la radioactivité et les électrons ?

On oublie vite les lois « fausses ». En revanche, de très nombreuses lois importantes se sont révélées plutôt incomplètes que fausses. C'est le cas des lois de la mécanique de Newton. Certes, les théories de la Relativité (Restreinte d'abord pour la mécanique et l'électromagnétisme, Générale ensuite pour la gravitation) ont complètement changé notre façon d'envisager espace, temps, forces, etc. Les concepts de base de la Relativité sont très différents de ceux des lois de Newton. Mais pour tout un domaine proche des sens humains : vitesses pas trop grandes, distances et temps ni trop courts ni trop longs, gravitation modérée, les lois de Newton restent d'excellentes approximations. Il est d'ailleurs facile de démontrer que les lois de la Relativité ont pour limite celles de Newton dans ces conditions. Pour autant, les concepts de base des lois de Newton pourraient être qualifiés de « faux », puisque par exemple elles supposent une interaction instantanée à distance, alors que la Relativité, et l'expérience, imposent une transmission de l'interaction pas plus rapide que la vitesse de la lumière. Pourtant, comme les lois de Newton sont une bonne approximation sur un large domaine, on les qualifierait aujourd'hui d'incomplètes, plutôt que fausses.

De même, la théorie de Fermi (1934) des interactions nucléaires faibles a constitué une grande étape dans la compréhension des particules élémentaires et de leurs interactions, permettant de comprendre et de calculer quantitativement certaines désintégrations de noyaux atomiques radioactifs. Ce modèle a donc été immédiatement utile aussi bien pour la recherche fondamentale que pour la conception des premiers réacteurs nucléaires par exemple. Pourtant, on a réalisé assez vite, à la fin de années 1950, que ce modèle ne pouvait pas être le dernier mot sur ce type d'interactions : il suffit par exemple de calculer la probabilité d'interaction de deux particules de très haute énergie, bien plus haute que celle permise par les expériences de l'époque, pour trouver une probabilité supérieure à l'unité, ce qui n'a aucun sens. On a donc une nouvelle loi physique élégante, efficace, dont on sait rapidement qu'elle est incomplète, et qu'elle ne peut être que la limite de basse énergie d'une théorie mieux fondée, valide dans un domaine plus vaste.

C'est d'ailleurs le sentiment le plus répandu parmi les chercheurs : nos lois actuelles seraient imparfaites, incomplètes, mais pas vraiment « fausses ». Elles seraient plutôt la limite à basse énergie (ou à des distances pas trop petites) de la future théorie. Il est évidemment impossible de trancher entre ces deux hypothèses : nous péchons peut-être par vanité, et nos lois actuelles apparaîtront comme complètement fausses aux physiciens du futur, tant les nouveaux concepts seront opposés aux anciens et les rendront obsolètes. Ou bien en effet, on découvrira une nouvelle théorie qui résoudra les problèmes actuels et englobera nos lois actuelles en douceur comme des approximations.

Dans ces conditions, comment faire le tri entre les idées nouvelles ? Comment sélectionner celles qui auront une chance de déboucher sur une théorie testable et falsifiable, à condition d'y consacrer les efforts nécessaires à leur développement, et laisser tomber celles qui ne mèneront nulle part ? Ce qui est certain aujourd'hui, c'est que le critère de comparaison immédiate aux données expérimentales ne suffit plus. La plupart des physiciens ne croit d'ailleurs pas qu'un nouveau Newton ou un nouvel Einstein va trouver une nouvelle théorie globale dont toutes les déductions pour des quantités déjà mesurées seraient en accord avec les données (aux erreurs de mesure près), et qui proposerait quelques nouvelles mesures possibles à effectuer avec nos instruments actuels ou envisageables, en guise de tests. Au vu des quantités énormes de mesures déjà effectuées dans le cadre de la Physique moderne, sur des systèmes extrêmement variés, dans des gammes d'énergie s'étalant sur plus de 20 ordres de grandeurs, il paraît inimaginable de découvrir en une seule étape la théorie magique, l'équation du monde.

La théorie elle-même est donc questionnée : jusqu'où développer un concept qui n'est jamais « testable » (par exemple les théories des cordes) ? Ou un concept qui ne résoudrait qu'une facette très particulière des problèmes (c'est le cas par exemple des modèles qui tentent seulement de relier les trois familles de particules à l'aide de symétries simples) ? Doit-on garder une hypothèse théorique qui semble capable d'apporter des réponses, mais n'a pas reçu la moindre confirmation expérimentale depuis des décennies ?

Ce dernier cas est par exemple celui de la « Supersymétrie », une théorie (ou plutôt un cadre théorique) séduisante qui pourrait résoudre en partie les problèmes internes du Modèle Standard, et fournir une particule candidate pour la Matière Noire dans l'univers. Mais elle ne dit rien de l'Energie Noire et possède encore plus de paramètres libres que le Modèle Standard. Surtout, dans sa version la plus « naturelle », elle prédit l'existence de nouvelles particules, en gros un partenaire pour chaque particule ordinaire. Ces particules « supersymétriques » seraient dotées de masses plus élevées que celles de leurs partenaires classiques, raison pour laquelle elles n'auraient pas encore été découvertes. Mais pour que ce partenariat fonctionne, les masses des particules supersymétriques ne doivent pas non plus être trop éloignées, ce qui pourrait les rendre accessibles à nos expériences auprès des grands accélérateurs. Bien entendu, les physiciens étant optimistes et entreprenants, il se trouve toujours des arguments pour penser que ces potentielles découvertes prodigieuses seraient « juste de l'autre côté de la porte », et on a donc recherché ces particules à chaque nouvel accélérateur mis en service, sans jamais les trouver. Cela ne signifie pas que la théorie soit *fausse*. Tout ce qu'on sait, c'est qu'elle est incomplète, et n'a pas reçu de confirmation expérimentale spécifique, c'est-à-dire de l'une de ses prédictions explicites.

La « naturalité »

Pour faire le tri entre les théories proposées, ou pour explorer les théories actuelles et tenter d'identifier leur point faible, de façon plus pointue et plus spécifique que le simple constat des grands problèmes, les physiciens modernes sont très intéressés par le concept de « naturalité ». Il s'agit de donner au « rasoir d'Occam » une version plus précise, plus quantitative. Comme on l'a déjà mentionné, il est clair qu'une théorie au domaine limité, et qui a besoin de nombreux paramètres ajustés pour rendre compte de la réalité, n'est pas très attrayante. Elle le sera encore moins si tout son édifice dépend crucialement de la valeur exacte de ces paramètres. Un exemple s'applique à la Supersymétrie évoquée ci-dessus : cette théorie prédit donc tout un ensemble de nouvelles particules partenaires des particules ordinaires. Pour satisfaire cette nouvelle symétrie, la masse de chaque super-particule devrait être égale à celle de sa partenaire ordinaire. Comme on n'a observé aucune de ces super-particules, on en déduit que leurs masses seraient plus élevées que celle de leurs partenaires, et hors d'atteinte pour le moment de nos accélérateurs. La symétrie qu'on vient d'inventer doit donc être immédiatement « brisée » ! Ceci n'est pas en soi un problème : nous connaissons des exemples où justement une symétrie brisée « comme il faut » est un bon départ de théorie. C'est par exemple la base de la théorie de Brout-Englert-Higgs, qui donne sa place au boson de Higgs et à tout le Modèle Standard. Mais dans le cas de la Supersymétrie, cette « brisure de symétrie » se fait aux dépens du caractère « naturel » de la théorie. Dans la théorie initiale, symétrique, on avait le même choix de masses et d'intensité d'interactions que dans la théorie standard. Dans la théorie où la symétrie est brisée, ce choix se restreint : si on veut que la Supersymétrie brisée continue de faire son office, qui ne l'oublions pas était de résoudre certains des problèmes du Modèle Standard, il faut maintenant adopter un choix de paramètres très particulier. Au fur et à mesure qu'on repousse les limites pour la masse des super-particules, on doit admettre que les autres paramètres du modèle soient ajustés de plus en plus précisément. On s'éloigne de l'idée de départ de la symétrie naturelle et esthétique où particules et super-particules avaient la même masse. Actuellement, en supposant que les super-particules sont juste de l'autre côté de la porte, juste au-dessus des limites fixées par les recherches actuelles à LHC, le niveau d'ajustement nécessaire des autres paramètres serait de l'ordre de quelques pour cent. Est-ce trop artificiel, ou bien est-ce encore « naturel » ?

De toutes façons, peut-on juger objectivement de cette « naturalité » ? Pourquoi un ajustement à un pour mille nous paraît-il un peu tiré par les cheveux ? Nous acceptons sans broncher des rapports bien plus grands : par exemple le rapport de la masse du quark le plus lourd à la masse du quark le plus léger est d'environ de 100 000, pourtant ils jouent exactement le même rôle dans le Modèle Standard. Et du quark le plus lourd à l'électron, ce rapport est encore 4 fois plus grand. Le Modèle Standard ne prédit pas la valeur des masses des particules élémentaires, mais le mécanisme qui engendre ces masses est commun : il s'agit de l'intervention du champ de Higgs, d'une façon identique à toutes les particules, mais avec des intensités (des « couplages ») différentes. Est-il « naturel » que cette même source produise des effets d'intensités aussi variées, seulement ajustés par les valeurs très différentes de paramètres libres ?

Quand nous considérons un ensemble de paramètres libres qui jouent des rôles similaires dans une théorie ou un modèle, nous avons coutume de dire qu'ils sont « du même ordre de grandeur » (moins d'un facteur 10 entre eux), ou bien « assez différents » (un facteur 1000) ou encore « très différents » (un facteur 1000 000). Des valeurs « très différentes » pour deux paramètres qui jouent le même genre de rôle, nous intriguent. Nous aimerions trouver une cause à ce déséquilibre. Le plus petit paramètre est-il supprimé par un principe fondamental (conservation, symétrie…) ? Le plus grand est-il renforcé par un effet (résonance, exponentiation) ?

Mais la nature a-t-elle le même sens des ordres de grandeur que nous ?

D'ailleurs, notre sensibilité à ces différences de valeur provient sans doute simplement du fait que nous évaluons les ordres de grandeur en puissance de 10, parce que nous avons toujours compté sur nos dix doigts. Pour un mille-pattes, la notion ne serait pas la même… Plus sérieusement, certains évacuent ces questions en se réfugiant à nouveau derrière le principe anthropique : ces valeurs sont ce qu'elles sont dans notre univers, elles seraient différentes dans un autre, inutile de chercher des lois physiques inconnues dans ces rapports.

VI. Physique moderne et intuition

Représenter la Nature

Faire de la Physique, c'est construire des représentations mentales du monde autour de nous. Certes nous pouvons décrire ces représentations, leur offrir des supports écrits (des équations, des livres, des pages web) les transmettre (des cours), et les utiliser pour créer des objets ou accomplir des actions. Mais toutes ces constructions sont issues de cerveaux humains, et manipulées et utilisées par des cerveaux. La connexion entre le monde naturel et notre cerveau est donc centrale, que ce soit au niveau « hardware » (nos organes sensoriels, nos neurones…), ou au niveau « software » (nos interactions sociales, notre culture…). Avant l'ère « moderne » (le XXe siècle), les représentations adoptées par la Physique sont relativement faciles à imaginer, à visualiser.

La Science, et en premier lieu la Physique, commence par décrire, par conceptualiser, les phénomènes directement observables par nos sens. Puis elle s'attaque aux phénomènes auxquels nos sens n'ont pas un accès direct. Mais on utilise encore des représentations qui peuvent avoir une analogie dans les observations directes. Cette relation directe au réel soutient les descriptions théoriques. Même si on est empreint de culture Aristotélicienne, et qu'on ne conçoit l'univers que centré autour de la Terre, il est « facile » de changer de vision et de se représenter la Terre et les planètes comme tournant autour du Soleil. Le changement de point de vue est envisageable d'une représentation à l'autre, également « intuitives ». Le pas est culturel, beaucoup plus qu'intellectuel.

La Physique progresse ensuite vers l'abstraction. Par exemple l'optique de Newton et Fresnel, qui décrit la lumière comme des ondes, demande déjà un effort pour dépasser l'intuition la plus immédiate : l'intuition voit la lumière comme un rayon, une ligne droite dans l'espace, et il faut maintenant remplacer cette image par une onde, et une onde dont nous ne distinguons pas les vagues directement. Tout au plus pouvons-nous en constater les effets, dans les phénomènes d'interférences qui justement ont conduit à adopter ce modèle. Heureusement, il existe de nombreux phénomènes d'ondes tout à fait accessibles à nos sens, comme les ondes acoustiques que l'on peut visualiser et engendrer par les cordes vibrantes des instruments de musique, ou les vagues à la surface de l'eau. Le passage de la représentation « rayon » à la représentation « onde » est un peu douloureux, il induit déjà une certaine tension entre perception et conceptualisation, mais pour les scientifiques et les ingénieurs, cette tension est « acceptable ». Remarquons tout de même que cette tension est déjà suffisante pour séparer le monde des sachants du reste de la population, même dans les pays les plus développés. Encore aujourd'hui, et malgré des siècles d'enseignement, qui en dehors de scientifiques pratiquants, se représente vraiment la lumière comme une onde, et en déduit correctement l'interprétation des couleurs vues dans une flaque d'huile ?

Ce mouvement vers l'abstraction se poursuit cahin-caha avec la Physique « classique », mais déjà très efficace, du XIXe siècle. Le grand tournant est celui du début du XXe siècle, avec la Relativité et surtout la Théorie Quantique.

La question du « réel » (vite évacuée)

Evidemment, pour se poser la question des représentations du réel, on aimerait d'abord s'assurer que le réel existe. Le réel existe-t-il ? Cette question est vieille comme la philosophie… mais pas comme la Science. Pour les scientifiques « classiques », la question ne se pose pas. Ils et elles recherchent, découvrent, comprennent la nature d'un monde bien réel. Avec l'arrivée de la Théorie Quantique, l'observateur acquiert un rôle plus important, puisqu'il ne peut pas être isolé de la nature qu'il observe. Le modèle intuitif d'une nature qui est ce qu'elle est, vue par nous, observateurs objectifs, est remis en question. Ceci relance le débat sur l'existence du réel chez les scientifiques : on peut concevoir que tout n'est que le produit de notre imagination, y compris nous-mêmes. Une vision du monde à la « Matrix » en quelque sorte. Certes, mais dans quel bocal ?

On tombe vite dans des questions plus métaphysiques que physiques, et assez vaines. Je ne pense pas que les crises de la Physique soient directement reliées à ce questionnement. Après tout, même si le « réel » n'est que de la pensée auto-générée, la crise des représentations n'en est que plus aiguë : pourquoi n'arriverions-nous pas à formuler des représentations cohérentes et efficaces d'un réel que notre esprit aurait lui-même créé ? Evacuons donc cette question, et comme tout bon scientifique, admettons l'existence d'un « réel », ou au moins faisons « comme si ». Attention, la notion de réel peut être très large, et ne signifie pas qu'on en retourne à la Physique classique…

La question de l'instrument

Lors de mes conférences grand public sur la physique des particules, ou sur le boson de Higgs, une question qui revient constamment est celle de l'instrument : « tout ce que vous nous racontez, vous ne le voyez pas, comment savez-vous que ça se passe vraiment comme cela ? ». J'admets que nos accélérateurs et nos détecteurs sont complexes, que la reconstruction des collisions de protons pour remonter depuis les informations des détecteurs jusqu'aux particules, à leur type, leur charge, leur énergie, requiert de gros programmes informatiques, mais en quoi est-ce fondamentalement différent des instruments utilisés dans tous les autres domaines de la Physique ? A la question du public, je réponds que le pas a été franchi il y a des siècles, avec la première lunette astronomique ou le premier microscope, dès lors qu'on a interposé un instrument entre la nature et nos organes sensoriels.

Ici non plus, je ne pense pas que la « crise » soit due à la complexité technique des instruments. Le laboratoire du XIXe

siècle devait apparaître très complexe au non-expert, avec cornues, miroirs, lentilles, électromètres, galvanomètres, mais cette complexité n'est jamais apparue comme un frein à l'explication, bien au contraire. Une mesure moderne d'optique quantique, avec lasers, radiofréquences, et détection de photons uniques, qui donne accès à cette physique si mystérieuse, n'est pas plus artificielle que la mesure des forces électriques faites avec un bâton frotté d'une peau de chat.

Toute représentation induit une « imagination », au sens de se créer une image intérieure, on dirait aujourd'hui « virtuelle ». L'image joue donc un rôle privilégié dans la construction des théories physiques. Lorsque la mesure elle-même consiste à fournir une image, celle-ci agit directement comme représentation du réel. Ainsi les instruments optiques bénéficient-ils d'un privilège d'opinion, comme s'ils étaient plus fidèles à la restitution de la réalité, plus crédibles, tout comme les images ont longtemps été privilégiées pour l'information. Mais les plus belles images produites par les télescopes ou les microscopes modernes sont des images de synthèse, utilisant des filtres et des détecteurs qui n'ont rien à voir avec la vision humaine. Pourtant, j'envie la facilité avec laquelle mes amis astrophysiciens peuvent parler de leur science en public en s'appuyant sur des images, alors que j'ai le plus grand mal à expliquer la physique microscopique, surtout en tentant d'éviter les analogies faciles… et fausses. Cédant à une certaine facilité, tous les scientifiques (les physiciens des particules compris !) tentent de vulgariser leur domaine en images, même si leurs « vrais » résultats ne s'expriment en rien de cette façon, mais par des tableaux de nombres ou des graphiques beaucoup plus « neutres » vis-à-vis de notre vision.

Curieusement, il est possible que l'arrivée généralisée des images de synthèse finisse par corriger ce biais cognitif en faveur de la preuve par l'image. En ce qui concerne l'information quotidienne, il est aujourd'hui assez facile de générer des images qui ressemblent au réel sans limitation. Une vidéo « deep-fake » peut ainsi mettre en scène un homme (ou une femme) politique et lui faire dire ou faire n'importe quoi, sans qu'il n'y ait aucune différence entre cette vidéo et ce qu'elle aurait été en tournant une scène réelle. Lorsque nous nous serons habitués à ce que toutes les images, tous les enregistrements sonores, puissent être totalement synthétiques, nous aurons fait un grand pas pour nous débarrasser des aprioris sur les instruments scientifiques. Assez paradoxalement, le public pourrait en retirer *davantage* confiance dans la méthode scientifique : puisque de toute façon ce que je vois peut-être modifié, manipulé, voire complètement inventé, faisons plutôt confiance aux énoncés qui proviennent d'instruments et de méthodes qui adoptent la charte scientifique de transparence et de reproductibilité.

Le tournant du xxe siècle : Relativité et Théorie Quantique

Nous l'avons déjà évoqué plusieurs fois, il est temps de voir en quoi ces deux théories, bases de la Physique moderne, posent un défi à notre intuition.

La théorie de la Relativité Restreinte a été publiée par Einstein en 1905. Comme nous l'avons dit plus haut, elle était contenue sans le savoir dans l'électromagnétisme de Maxwell, et des esprits curieux et logiques comme Lorenz et Poincaré avaient déjà suivi cette piste. Mais ils se sont heurtés au mur du « bon sens ». Pour prendre l'exemple le plus simple, en Relativité la vitesse de la lumière ne dépend pas du repère dans lequel on l'observe, et ne peut être surpassée. Une expérience de pensée très simple montre immédiatement le paradoxe qu'induit le « bon sens ». Vous êtes à bord d'une voiture qui va à une vitesse v_1. Vous lancez par la fenêtre une balle avec la vitesse v_2 pour vous, vers l'avant. Votre amie qui est restée au bord de la route mesure la vitesse de la balle par rapport au sol. Elle trouve évidemment la vitesse $v = v_1 + v_2$. Si l'expérience automobile ne vous convient pas, réalisez simplement que prendre de l'élan en courant pour lancer une boule, à la « Lyonnaise » par exemple, permet d'augmenter la vitesse de la boule par rapport au sol, en comparaison avec un lancer immobile.

Reprenons la voiture. A l'arrêt, ses phares envoient devant elle de la lumière, qui se propage à la vitesse de la lumière, traditionnellement notée « c » (pour célérité). Si la voiture roule phares allumés, à quelle vitesse se propage la lumière par rapport au sol ? Le bon sens répond « $v_1 + c$ ». Mais la Relativité répond « toujours c », et l'expérience le confirme.

Il est assez étonnant que le fait que cette loi de composition des vitesses ne soit pas une simple addition, constitue un paradoxe si difficile pour tous ceux qui n'ont pas étudié la Relativité : c'est la source de nombre de questions du public, et de nombre de manuscrits que je reçois de la part d'amateurs sincères et passionnés qui veulent prouver « qu'Einstein a tort ». Pourtant, il suffit d'admettre que la loi de composition des vitesses n'est pas $v = v_1 + v_2$, mais

$$v = (v_1 + v_2)/(1 + v_1 \times v_2/c^2)$$

pour que le paradoxe disparaisse[6]. La formule n'est pas une simple addition, mais elle n'est pas extraordinairement compliquée. Elle exprime que la vitesse de la lumière, bien qu'ayant une valeur déterminée (on dirait en mathématiques une valeur « finie »), constitue pour les vitesses une sorte d'infini : si on lui « ajoute » une autre vitesse, on obtient toujours la vitesse de la lumière. C'est un peu comme l'infini des nombres : si on ajoute un nombre donné à l'infini, on obtient toujours l'infini. Pourquoi avons-nous tant de mal à admettre ce type de « composition » ? On en revient à la dictature de l'addition, de la composition « linéaire » dont je parlais plus haut.

Cette étrange composition des vitesses n'est que le signe superficiel d'une remise en cause plus profonde de la relation entre l'espace et le temps. Un signe plus profond est par exemple qu'une horloge située à bord d'un vaisseau spatial semble tourner moins vite vue par un observateur immobile au sol qu'elle ne tourne pour les passagers du vaisseau. La longueur du vaisseau vue du sol est aussi plus courte que celle mesurée à bord du

---

[6] En particulier, si v_1 ou v_2 vaut c, v vaut alors aussi c ; aussi, pour v_1 et v_2 petits devant c, elle se réduit à la simple addition $v = v_1 + v_2$

vaisseau. Ces effets sont d'autant plus importants que la vitesse du vaisseau par rapport au sol est une fraction plus importante de la vitesse de la lumière. La vitesse de nos vaisseaux spatiaux actuels est une toute petite fraction de « c », mais les horloges atomiques ultra-précises mesurent facilement l'effet sur le temps. Ces effets « relativistes » sont pleinement à l'œuvre pour les particules de haute énergie manipulées dans les accélérateurs de particules et les expériences. Par exemple de nombreuses particules sont instables, et on peut mesurer leur temps moyen de désintégration « au repos », c'est-à-dire lorsqu'elles sont immobiles par rapport à notre laboratoire. Le même type de particule, lancé à une vitesse proche de celle de la lumière, se désintègre dans un temps bien plus long qu'au repos. Les lois un peu étranges des mouvements (la « cinématique ») sont parfaitement vérifiées et utilisées. [7]

Enfin, on ne peut évoquer la Relativité sans évoquer l'équation $E = mc^2$. Je ne souhaite pas entrer ici dans le détail de sa signification. Mais dans le contexte de ce livre, il est intéressant de constater que si on l'interprète correctement, cette équation ne pose pas vraiment de problème de représentation du monde. Au contraire, elle met un terme à des débats ouverts bien avant Einstein sur la relation entre inertie et énergie. Sa notoriété, et l'incompréhension du public, ne proviennent pas d'un caractère étrange ou révolutionnaire, mais de ses développements pratiques en physique nucléaire, au premier rang desquels la mise au point de la bombe dite « atomique » (en fait une bombe nucléaire). D'autres équations, d'autres théories antérieures, des siècles de chimie avaient permis la mise au point d'un arsenal tout aussi meurtrier, la première Guerre Mondiale en a suffisamment attesté, mais cela faisait partie d'un développement global. La dynamite a été inventée pour les chantiers tout autant que pour les obus, et la chimie des gaz asphyxiants n'est qu'une petite partie de la chimie industrielle du début du XXe siècle.

---

[7] L'étrangeté de ces lois sa été rendue célèbre par Langevin qui l'a mise en scène dans le paradoxe des jumeaux, mais l'interprétation détaillée de ce paradoxe et sa résolution se sont révélées moins évidentes que Langevin l'avait pensé…

L'invention de l'arme nucléaire constitue le premier cas, et reste d'ailleurs toujours le seul, où une théorie très avancée, basée sur les recherches de laboratoire les plus pointues, a permis de concevoir une arme d'une importance militaire et politique considérable, alors même qu'aucun développement n'avait en parallèle affecté le domaine civil (à l'exception de la radiographie par rayons X et de quelques tentatives hasardeuses de radiothérapie). Cette séquence a ainsi justifié le fantasme de l'arme absolue qui donnerait la toute-puissance à son premier inventeur, et contribué à éloigner encore davantage la Physique du public.

Poursuivant sa remise en cause de l'espace et du temps, Einstein découvre en 1911 la théorie de la Relativité Générale dont nous avons déjà parlé au début du livre, la base de toute la cosmologie moderne. Comme nous l'avons dit, cette théorie propose une vision complètement novatrice de la gravitation, et certains des effets qu'elle prédit sont spectaculaires : trous noirs, mirages gravitationnels, ondes gravitationnelles, etc. Mais ses effets autour de nous sont petits, et la transition entre nos distances et les distances cosmologiques s'effectue « en douceur ». Passé l'obstacle original de la Relativité de 1905, qu'on a appelée « Restreinte » après l'arrivée de la « Générale », rien ne vient vraiment heurter davantage notre intuition. En effet, la nouvelle théorie ne contredit pas notre intuition d'effets « continus », d'effets « incrémentaux », où une petite augmentation des causes produit une petite augmentation (ou diminution) des effets. Lors de l'étude d'un trou noir, l'objet le plus étrange prédit et décrit par la théorie, on a longtemps pensé que la frontière (le terme technique est « l'horizon ») du trou noir présentait une « singularité », un endroit où la théorie défaille, car les effets relativistes deviennent infinis. On a ensuite prouvé qu'il n'en est rien, et qu'avec la bonne description mathématique tout se passe à nouveau « en douceur ». Seul le centre du trou noir est « singulier », mais pas davantage que ne l'est la gravitation de Newton si on l'extrapole à des distances infiniment petites.

En résumé, la Relativité Générale est une théorie qui, bien qu'elle change profondément nos concepts de temps, d'espace, de gravitation, et même de l'âge de l'univers, est très « acceptable » pour notre intuition. Les représentations intuitives abondent, comme la feuille de caoutchouc déformable, et ne sont pas si éloignées de la vérité mathématique.

Il en est tout autrement pour la Théorie Quantique. Bien que cet ensemble de concepts ait été développé, étudié et utilisé à des fins pratiques depuis plus d'un siècle, il garde son caractère mystérieux et paradoxal. Niels Bohr, l'un des pères de la théorie, disait que « quiconque n'est pas choqué par la Théorie Quantique ne l'a pas vraiment comprise ». Et Richard Feynman, prix Nobel de Physique en 1965, grand artisan de la Théorie Quantique des Champs, et professeur immensément réputé pour ses qualités de pédagogue, renchérit : « Je pense pouvoir dire sans trop me tromper que personne ne comprend la Mécanique Quantique ». On pourrait imaginer qu'il s'agit dans les deux cas de fausse modestie et d'ironie, mais il n'en est rien. Quand on connaît l'œuvre de ces deux grands scientifiques, on comprend qu'il s'agit d'affirmations soigneusement pesées.

Dès le début, lorsqu'on commence l'étude de la Théorie Quantique, les comportements étranges sautent aux yeux. Le tout premier exercice que j'ai eu à faire après le tout premier cours, consiste à calculer la probabilité qu'une particule déposée au fond d'un trou passe spontanément dans un trou voisin. Au terme d'un calcul ultrasimple, on trouve que cette probabilité n'est pas nulle. Certes, elle est petite (si le trou est profond), mais elle existe, alors que cette situation (la particule est passée spontanément d'un trou à l'autre) n'existe pas du tout en mécanique classique. On voit immédiatement que la théorie quantique ne sera pas une extrapolation un peu modifiée de la mécanique classique, donc de l'intuition que nous procure nos sens. C'est « autre chose ».

Au passage, les objets perdent de leur matérialité : les bons concepts pour décrire les particules ne sont plus des points matériels, mais des « fonctions d'ondes », c'est-à-dire un ensemble de nombres attribués à des points de l'espace qui témoignent de la présence possible d'une particule. Cette image « floue » de la matière a beaucoup fait parler d'elle, mais je ne pense pas que cette description présente une difficulté particulière de représentation. Il y a longtemps que l'on utilisait des champs électriques et magnétiques ou des champs de température ou de vitesse d'un fluide.

Les notions véritablement nouvelles et difficiles à concevoir sont liées à l'évolution des systèmes. La première évolution étrange se produit lorsqu'on effectue une mesure sur une particule ou un système quelconque de particules. Contrairement à la mécanique classique, en Théorie Quantique une mesure affecte toujours le système. On est alors tenté d'inclure l'instrument de mesure dans le système étudié et de calculer leur évolution commune. De fil en aiguille, il semble nécessaire d'inclure l'observateur lui-même, et les difficultés commencent. Que faire du libre-arbitre de l'observateur ? Le résultat de la mesure semble dépendre de la volonté de l'observateur, même dans un cas où celui-ci n'a pas agi sur l'expérience, et même dans un cas où il semble matériellement impossible qu'il ait pu agir avant que l'expérience ne soit terminée.

Très vite, les paradoxes pleuvent, et ce sont des paradoxes « durs », qui ont résisté à des décennies d'études. Non pas que la théorie soit fausse ou même imprécise : au contraire, le formalisme, si on l'accepte, permet toujours de calculer le résultat d'une expérience. Le plus célèbre est certainement le paradoxe d'Einstein-Podolsky-Rosen, inventé dans les années 1930. Il ne s'agit alors que d'une gedankenexperiment, mais dont la logique paraît imposer de profondes remises en cause des notions de causalité (la cause précède l'effet), ou de localité (il n'existe pas d'influence instantanée à distance) ou les deux. Malgré l'opposition de Bohr, Einstein a cherché en vain à expliquer le paradoxe en supposant qu'il existe des « variables cachées », des propriétés inconnues qui agiraient pour guider les particules dans leur comportement. A cette époque, et durant des années, ce paradoxe était connu, mais on pouvait encore l'ignorer et penser qu'il s'agissait d'un problème purement théorique, peut-être même un problème de langage. Mais en 1964 John Bell, physicien irlandais, a mis le point sur le i de « incontournable ». Il est parvenu à concevoir une gedankenexperiment très réaliste, basée sur des mesures de photons, et dont le résultat serait déterminant. Seule la Théorie Quantique pourrait passer ce test, et toute tentative de description de l'expérience par une théorie classique, même pourvue de toutes les variables cachées qu'on veut, ne le pourrait pas. Comme nous l'avons vu plus haut, cette expérience a été réalisée depuis, d'abord par Alain Aspect, puis répétée avec plus de raffinement et de précision, et le résultat est toujours favorable à la Théorie Quantique.

Comprenons-nous bien : le résultat positif de l'expérience n'« explique » rien : il montre simplement qu'il est en accord avec la description du système et le calcul de son évolution dans le cadre quantique, et non dans un cadre classique. Le grand paradoxe se trouve donc là : on sait « faire », mais sans « comprendre ». Enfin, tout dépend de ce que l'on appelle « comprendre ». Après tout, en quoi une description très opérationnelle, basée sur des calculs, est-elle une moins bonne compréhension qu'un discours basé d'abord sur notre intuition, elle-même forgée essentiellement à partir de notre expérience sensorielle ? Il est clair que nos sens ne nous permettent d'accéder qu'à une minuscule fraction des phénomènes naturels : pour s'en convaincre, il suffit de comparer la gamme de longueurs d'onde de la lumière visible par nos yeux (de 0,4 à 0,8 microns), à la gamme de tous les rayonnements électromagnétiques que nous savons utiliser facilement aujourd'hui (de bien moins d'un nanomètre à bien plus d'un kilomètre). Il est tout à fait possible que notre cerveau, qui traite les informations provenant de nos sens, soit aussi adapté à la modélisation de la nature à notre échelle, mais n'ait pas la structure pour modéliser la nature à d'autres échelles de distance ou de temps, nous contraignant à inventer des théories complexes et paradoxales en apparence.

Quelques questions neuro/psycho/sociologiques

Je ne vais pas ici trancher la question ci-dessus, à savoir si la Théorie Quantique est « pensable » par un cerveau humain. Mais je voudrais attirer votre attention sur les contraintes très fortes que nos sens imposent à notre façon de penser et de voir le monde. Pour prendre un premier exemple : nous avons déjà évoqué ces théories qui cherchent à réconcilier gravitation et Théorie Quantique en postulant l'existence de dimensions supplémentaires. Mathématiquement, il est facile d'utiliser davantage de dimensions que les 3 habituelles (longueur, largeur, hauteur). Au lieu de repérer un point par 3 coordonnées, il suffit d'en ajouter le nombre souhaité. On voit au lycée l'utilisation de « vecteurs », listes de coordonnées à n-dimensions, leur addition, leur agrandissement par un nombre fixe, leur rotation dans l'espace à n-dimensions, etc. Cela ne pose aucun problème pour un physicien professionnel. On peut parler avec une théoricienne de sa dernière découverte, construite dans un espace à 10 dimensions, où notre monde est un sous-espace à 3 dimensions, et où les particules matérielles et les forces se baladent dans les 10 dimensions, etc., etc. Mais je suis toujours amusé que cette théoricienne pour illustrer son propos, va au tableau noir (qui est maintenant souvent un tableau blanc), et que dessine-t-elle ? Elle dessine un ou deux petits coins de feuilles vues en perspective, et quelques lignes qui les relient. Le tableau noir (et sa perspective) est censé illustrer l'espace à 10 dimensions, et les petits coins de feuille sont les espaces à 3 dimensions comme le nôtre. Bref, même pour un chercheur professionnel, avec toutes ses capacités d'abstraction, la meilleure façon de « voir » le problème est toujours de le réduire à notre vision habituelle. Notre monde est à 3 dimensions, et nous n'avons que deux yeux pour le regarder, qui nous donnent une (petite) perspective. Les mathématiciens ont découvert de très nombreuses propriétés des espaces et des objets de dimensions supérieures à 3 qui n'ont pas d'équivalent chez nous. Les physiciens utilisent fréquemment ces propriétés pour construire leurs théories. On a beau savoir que ces propriétés ne peuvent pas être réduites, ou projetées, sur notre type d'espace à 3 dimensions, la contrainte de notre habitude et de nos sens reste extraordinairement prégnante.

La transmission des idées fait aussi appel à des représentations simples, voire simplistes. Pour communiquer, le langage simplifie les concepts, et parfois même se permet d'utiliser des conventions purement sociologiques, qui n'ont rien à voir avec le concept, mais permettent de se repérer rapidement. En voici un petit exemple surprenant. Pour les présentations en conférences, avant l'apparition du numérique et des projections à partir d'un ordinateur, nous utilisions des « transparents ». Pour ceux qui n'ont pas connu cette technologie rudimentaire, il s'agit d'une feuille de plastique transparent de format A4, sur laquelle on écrit à la main avec des feutres de couleur. Pour illustrer la présentation, on pose cette feuille sur un « rétroprojecteur », qui la projette sur un grand écran pour le public. On écrivait et on dessinait donc à la main sur le transparent. [Anecdote dans l'anecdote : nombre d'entre nous a passé la dernière soirée avant une présentation importante, à corriger ses transparents dans sa chambre d'hôtel. Pour ce faire, on effaçait les tracés avec du papier w.c. imbibé d'eau de toilette, le feutre étant soluble à l'alcool. Le lendemain, lorsqu'on posait le transparent corrigé sur le rétroprojecteur bien chaud, il se dégageait d'agréables effluves parfumés…]. Il fallait donc souvent représenter les particules sur le transparent, et nous avions à effectuer un choix rapide entre les couleurs de feutre pour chaque type de particule (depuis le numérique, les schémas que l'on dessine par ordinateurs n'offrent pas la même spontanéité). Je me suis alors rendu compte qu'une convention floue s'établissait pour les couleurs utilisées pour chaque particule. Les électrons se retrouvaient souvent bleus ou noirs, les protons rouges ou bruns, et une forte majorité de muons[8] étaient tracés en vert. Pourtant, aucune convention écrite ou orale n'existait, et on trouverait facilement des contre-exemples. De fait, ces particules n'ont pas de couleur, ni au sens habituel ni au sens d'aucune théorie. D'où est donc venue cette convention ? Je pense qu'elle venait du très fort besoin d'identification à un objet quotidien, matériel, même pour

[8] Le muon est une particule élémentaire bien connue, très utilisée par les physiciens. Il est l'analogue de l'électron, mais dans la deuxième famille de particules.

des physiciens chevronnés qui jouent avec ces particules tous les jours[9].

Ainsi, de nos sens directs à notre culture la plus élaborée, notre environnement psychique sculpte notre façon de penser le monde. Nos théories scientifiques très élaborées sont à l'extrême périphérie de ce réseau de connexions et d'influences. Et il leur faut bien des contorsions pour permettre à notre intellect d'accéder à des phénomènes pour lequel il n'a absolument pas été formé par l'évolution spontanée. Seule une évolution « forcée », c'est-à-dire l'éducation, permet cet accès. Dans ces conditions, il n'est pas très étonnant que sur ce chemin, de temps en temps, ça coince. C'est peut-être la raison simple de l'apparente contre-intuitivité des représentations modernes de la nature par la Physique, et de l'apparente crise qui les traverse.

---

[9] On pourrait expliquer ces choix de couleurs par l'association entre la « taille intuitive » de la particule et la longueur d'onde d'une couleur dans le spectre visible : taille (longueur d'onde de Compton) plus courte pour l'électron correspondant à une longueur d'onde visible courte, donc la couleur bleue, taille plus importante pour le proton, correspondant dans le visible au rouge, et intermédiaire pour le muon correspondant au vert. Cette interprétation est encore plus étonnante, puisque l'association se serait faite dans l'inconscient de la société des physiciens, sans être jamais formulée…

VII. Peut-on changer (vraiment) de paradigme ?

Les découvertes inattendues

Il arrive qu'une découverte expérimentale, ou un enchaînement de découvertes expérimentales, oblige à une remise en cause des concepts, tout en offrant de nouvelles pistes. C'est le cas de la période magique du tournant du XIXe au XXe siècle. A la fin du XIXe siècle, la Physique « classique » est à son apogée : mécanique, électrodynamique et thermodynamique forment un ensemble conceptuel cohérent et très puissant sur le plan opérationnel. Les autres sciences partagent ce succès : chimie, médecine se font quantitatives, rationnelles et aussi opérationnelles.

La plupart des savants pensent alors que la Physique est « complète », qu'il n'y aura plus jamais besoin de nouveaux concepts. Michelson, qui vient pourtant de prouver que la vitesse de la lumière est indépendante du repère dans lequel on la mesure, ce qui nous apparaît maintenant comme une contradiction évidente de la mécanique classique, dit pourtant que « les grands principes sont maintenant fermement établis, tout ce qu'auront à faire les physiciens sera maintenant de mesurer la sixième décimale ». Cette citation est souvent improprement, et injustement, attribuée à Lord Kelvin. Le pauvre Kelvin fait ici office d'un bouc émissaire facile, car, malgré une très remarquable contribution à la science (la température absolue, l'effet Joule-Thomson, la définition de l'Ampère), il a aussi joué de malchance dans ses prédictions et ses affirmations (impossibilité du vol d'appareils plus lourds que l'air, âge du Soleil de 20 millions d'années, etc.). Mais pour le coup, bien qu'il fût, comme les autres, convaincu que la Physique était globalement complète et rayonnante, il mentionna que ce succès était obscurci par deux nuages : le fait qu'on n'ait pas observé « l'éther », le fluide mystérieux qui baignerait nôtre monde et autoriserait ainsi la propagation de la lumière, et les difficultés à interpréter les spectres des atomes à partir de la partition de l'énergie selon Maxwell-Boltzmann, une théorie pourtant logique et présentant d'autres succès.

Ce discours « des deux nuages », donné par Kelvin à la « Royal Institution of Great Britain » en 1900, et étoffé par la suite, est resté célèbre : en effet l'éclaircissement du premier « nuage » arrivera quelques années plus tard par la théorie de la Relativité, et le second aussi rapidement par la Théorie Quantique.

Mais en 1900, peu de savants se préoccupent directement de ces deux problèmes. Tout au plus ces deux questions sont-elles à l'arrière-plan des idées des plus réfléchis d'entre eux. C'est surtout l'avalanche de découvertes expérimentales qui va occasionner la remise en cause complète des concepts : la découverte des rayons X, des différentes formes de radioactivité, de l'effet photo-électrique, etc.

Tout est miraculeusement en place pour une révolution scientifique. En premier lieu, une base solide procurée par la Physique classique : quantitative, très prédictive, elle permet de comparer la théorie aux mesures et de mettre en évidence les désaccords, qui obligent à regarder au-delà. Ensuite, des développements mathématiques sophistiqués : algèbre linéaire, théorie des groupes, espaces courbes… Enfin, des moyens expérimentaux nouveaux bien maîtrisés : photographie, électricité, chimie…

Sans minimiser la valeur des hommes et des femmes de science de ce temps, on dirait presque qu'à ce moment il ait suffi de se laisser porter d'expérience en découverte et en nouvelle expérience pour dévoiler toute une réalité ignorée jusqu'alors. Tous les physiciens de l'élémentaire actuels rêvent de vivre une telle période. Mais beaucoup d'expériences et de mesures ont déjà été faites, et les nouvelles auxquelles on peut penser sont pour la plupart de grande taille, longues à mettre en œuvre et à analyser. Il est peu probable que l'on revienne à un enchaînement rapide d'expériences réalisées dans un temps court, qui mèneraient à un bouleversement conceptuel comme les cailloux sur le chemin.

Ainsi, nous scrutons les données de toutes nos expériences pour y déceler le moindre « nuage de Kelvin », celui qui ouvrirait une piste vers une nouvelle compréhension. Certes nous voyons les gros nuages lointains dont nous avons parlé : Matière Noire, Energie Noire, incompatibilité gravitation/quantique, mais il nous manque les petits nuages plus proches, accessibles à l'expérience. Et nous sommes impatients à l'idée qu'une piste surgira un jour spontanément dans les résultats d'une de nos grandes expérimentations...

Remettre vraiment en cause les concepts

Une partie du mythe est qu'un grand progrès dans la compréhension serait toujours lié à une profonde remise en cause des concepts. On comprend le mouvement des planètes parce qu'on abandonne le géocentrisme et qu'on met le soleil au milieu. On comprend les atomes et les particules parce qu'on abandonne les concepts habituels de temps, d'espace, et de corps matériel. Que nous faut-il abandonner aujourd'hui ? Et pour quoi d'autre ?

A ce sujet, il me semble intéressant de questionner le rôle des mathématiques. Habituellement, on se félicite que dans l'évolution de la Physique, les mathématiques aient toujours offert les outils nécessaires à une nouvelle théorie physique au moment où il y en avait besoin. Eugène Wigner, fasciné par ces succès, en a même fait une question célèbre, se demandant d'où provient la « déraisonnable efficacité des mathématiques dans la description du monde naturel ». Et de fait, les exemples abondent dans le passé : les coniques pour la gravitation de Newton, l'analyse différentielle pour la Physique classique, la théorie des groupes pour la Théorie Quantique, les espaces courbes de Riemann pour la Relativité, etc. Mais est-on bien sûr qu'il en soit toujours ainsi ? Certes les mathématiciens ont déployé une fantastique créativité à explorer structures, relations, géométries, mais qui nous dit que les outils nécessaires pour dépasser la crise actuelle sont disponibles ?

Nous avons vu combien notre esprit est modelé par nos sens et notre intuition. La relation fonctionnelle, et en particulier la relation linéaire, est totalement prééminente dans notre façon d'analyser un problème : *un peu plus* de causes occasionne *un peu plus* d'effet. Il est très difficile de sortir de cette pensée, à la fois parce qu'elle constitue notre expérience quotidienne, et parce que cette analyse *différentielle* a connu tant de succès par le passé en sciences.

Il existe de nombreux développements tendant à dépasser cette conception. L'analyse des phénomènes non-linéaires est une branche très importante de la Physique. Il s'agit par exemple de décrire ce qui se passe lorsque de l'eau gèle : quelles sont les conditions, où commence la solidification ? Le phénomène est très non-linéaire, puisqu'une toute petite diminution de la température occasionne un changement de l'état de l'eau liquide vers un état complètement différent, la glace solide. Ce changement d'eau en glace est un exemple de transition de phase, une transition entre deux états très différents lorsqu'un paramètre, ici la température, change un tout petit peu. La transition est un effet collectif : les atomes d'une quantité d'eau, dans laquelle ils étaient désordonnés, s'organisent soudainement tous ensemble pour former un cristal. Tout près du point de transition, des interactions collectives sont présentes entre les atomes, même éloignés les uns des autres. Le caractère collectif, les corrélations à longue distance et très fortes autour du point de transition, rendent la description du phénomène difficile par la dynamique standard, qui est bien adaptée aux effets différentiels. Des méthodes d'analyse très élaborées ont été inventées qui permettent de comprendre ces transitions de phase, par exemple en moyennant les comportements individuels des atomes tout en rendant compte du comportement collectif, et qualitativement nous comprenons bien ce qui se passe. Les transitions de phase sont très courantes dans le monde naturel, c'est en fait un comportement tout aussi naturel que l'évolution douce et continue d'un système. Parmi les exemples dans le monde courant, on trouve les transitions des corps entre solide, liquide, et vapeur, mais aussi l'aimantation d'un aimant naturel, la percolation d'un liquide dans un solide poreux (le café filtre !), ou la supraconductivité. Malgré cela, il reste difficile de prédire quantitativement le comportement d'un grand nombre d'éléments au voisinage de la transition, et même de prédire quand la transition va se produire. Il est par exemple très difficile de prédire la température de fusion d'un corps à partir de ce qu'on sait des atomes qui le constituent, ou d'imaginer un nouveau matériau supraconducteur à une température plus proche de l'ambiante.

On connaît aussi des situations de transition de phase dans la physique fondamentale. En particulier le moment, très peu de temps après le Big-Bang, où se met en place le mécanisme de Higgs, et où les particules acquièrent leurs masses. Sans masse, les particules élémentaires se propagent à la vitesse de la lumière, et il leur est impossible de se lier entre elles, de former quelque structure que ce soit. Avec une masse, fournie par l'interaction avec le champ de Higgs, leurs vitesses deviennent inférieures à celles de la lumière, ce qui leur permet de se lier entre elles, et de donner naissance aux protons, aux neutrons, puis aux atomes, aux molécules, à la matière que nous connaissons… et à nous. Cette dernière transition de phase est difficile à étudier aujourd'hui, et elle présente encore des mystères, qui sont sans doute liés aux « grandes questions » dont nous parlons depuis le début.

Parmi les phénomènes très « non-linéaires », on peut aussi citer la turbulence : pour quelles conditions, et à quel moment, un liquide ou un gaz cesse-t-il de s'écouler en filets longs et continus (le mot est « écoulement laminaire »), pour donner naissance à des tourbillons, des vagues, de l'écume ? Comment décrire de façon utile un fluide turbulent, comme un torrent de montagne, puisqu'il ne peut être question de prédire la position de chaque tourbillon à chaque instant ?

Dans tous ces cas, malgré nos méthodes mathématiques sophistiquées, notre pouvoir prédictif reste faible. Mais avons-nous les bonnes mathématiques ?

Pour attaquer les « grandes » questions, comme l'incompatibilité Relativité Générale/Théorie Quantique, jusqu'où devrons-nous remettre en cause les concepts d'espace et de temps, et avec quels outils mathématiques ? Depuis que le problème a été identifié, de nombreuses tentatives ont été lancées, certaines assez traditionnelles dans leur méthode, d'autres plus exotiques. Dans la première catégorie, on trouve la théorie des cordes : puisque le problème se pose à des distances très petites, où les fluctuations sont très grandes, postulons que les véritables objets physiques sont de petites cordes vibrantes. Sous certaines conditions nous pouvons espérer que les modes de vibration se combinent harmonieusement et régulent les fluctuations indésirables.

Dans la seconde catégorie, on a par exemple la « géométrie non-commutative » proposée par Alain Connes. Dans cette approche, les notions de « point », de « droite », sont abandonnées. On s'intéresse seulement aux fonctions qui permettent de repérer le point dans l'espace ou sur la droite. Libérés de la notion sous-jacente (point, droite), on peut alors choisir délibérément un type de fonctions qui semble plus adapté à la réalité quantique. Tout une théorie mathématique est construite pour mettre en œuvre ce nouveau concept, et cette théorie *n'est pas* une simple extrapolation des mathématiques habituelles, mais quelque chose de fondamentalement différent. Cette recherche n'a malheureusement pas donné la solution du problème, mais elle reste l'une des tentatives les plus audacieuses de remise en cause des concepts courants.

D'autres schémas de pensée en Physique

Même une théorie aussi audacieuse que la « géométrie non-commutative » reste cependant dans le schéma habituel pour faire de la Physique : une conception initiée par l'esprit humain, s'appuyant sur un outil mathématique formalisé, spécifique, se confronte aux données expérimentales. Dans cette méthode, rien n'a changé entre la découverte de son « Principe » par Archimède dans sa baignoire (en fait, une loi physique plutôt qu'un principe), et l'invention du mécanisme de Higgs. Le cycle « observation/interprétation/imagination de la loi/comparaison aux observations… » est essentiellement similaire, même si l'intelligence théorique est maintenant beaucoup plus vaste et construite, et les moyens expérimentaux un peu plus importants.

Pourrait-il exister des méthodes véritablement différentes de penser la description de la nature et son utilisation ? Ce n'est pas impossible : les dernières décennies ont vu apparaître des méthodes assez radicalement différentes de penser en sciences. C'est par exemple le cas de l'Intelligence Artificielle, de l'ordinateur quantique, ou de l'étude des phénomènes « émergents ». Nous reviendrons plus loin sur chacune de ces avancées, mais on peut déjà constater qu'elles ont des points communs. En effet, il s'agit dans tous ces cas de phénomènes très non-linéaires, et très collectifs. Plus question de suivre des yeux l'évolution de chaque partie du système, seul le système entier a du sens. Pour l'instant, ces systèmes sont toujours décrits par référence à des méthodes classiques : on peut détailler le fonctionnement d'un algorithme d'Intelligence Artificielle, et on modélise le fonctionnement d'un ordinateur quantique sur un calculateur classique habituel. Mais peut-on imaginer que ce type de système devienne autonome, et prenne sa vérité, sans plus de référence au monde « classique » ? Ceci serait un véritable changement dans la méthode scientifique.

Enseignement et conformisme.

Pour dépasser les limites actuelles, on souhaiterait évidemment favoriser la créativité, la capacité à penser autrement. Mais au fur et à mesure que la science progresse, le corpus à ingurgiter augmente pour les étudiants. En physique, les années d'étude suffisent tout juste à apprendre la version la plus standard d'un tronc commun de physique générale, puis l'état de l'art d'une branche très spécialisée. Presqu'aucune référence n'est faite à l'histoire des idées, à leur apparition et leur évolution, aux hésitations et aux errements. Seul le résultat est enseigné : un parcours linéaire, logique et cohérent, grossièrement chronologique. Cet apprentissage est donc assez normatif, et ne favorise pas le développement d'autres modes de pensée. Au passage, le système de financement de la recherche par projets, et d'évaluation des chercheurs par leur nombre de publications, ajoute à la pression du conformisme. Pour revenir à l'enseignement, il se trouve que nous sommes actuellement en plein changement de coutumes des jeunes (et des moins jeunes), avec le développement des smartphones, réseaux sociaux, et autres connexions. La circulation ultra-rapide des idées a certes des aspects menaçants. Mais elle pourrait aussi être utilisée positivement en parallèle de l'enseignement pour développer la curiosité active, et la créativité.

VIII. La fin de la Physique 1 : les réponses anthropiques

Le principe anthropique[10]

L'idéal du physicien est réductionniste. Il s'agit d'« expliquer » le monde par un enchaînement logique de phénomènes à partir du plus petit nombre possible de causes. Il faut bien accepter qu'il y ait une cause première, puisqu'il se posera toujours la question de quelle cause viendrait avant celle-ci, et qu'on n'imagine pas vraiment que le monde provienne de « absolument rien ». Même si l'univers se crée à partir de rien (on dirait en termes techniques par une fluctuation quantique du vide), qui a créé les lois de la Physique, les types potentiels de particules qui pourront exister, etc. ? N'entrons pas davantage dans la question ontologique, mais prenons le point de vue du physicien actuel : dans la théorie idéale, un tout petit nombre de causes engendre l'univers tout entier et toute sa diversité. Typiquement, dans les termes d'aujourd'hui, on verrait bien une unique sorte de particule fondamentale de matière, avec une unique sorte d'interaction entre-deux ou plusieurs de ces particules. Ou bien une entité géométrique qui donnerait naissance à l'espace et au temps, et dont les replis spontanés formeraient des particules. Bref, une hypothèse de départ aussi simple et dépouillée que possible. Le défi est d'imaginer pour l'origine de tout le monde réel un système aussi simple que possible (au moins apparemment simple lorsqu'on le décrit dans nos termes humains), mais

[10] Du mot grec « anthropos », l'homme, à ne pas confondre avec entropique, dérivé de la quantité physique « entropie ».

capable d'engendrer par son évolution spontanée un univers aussi complexe que le nôtre nous apparaît aujourd'hui.

Sur ce chemin idéal, nous avons plutôt bien réussi, puisque le Modèle Standard, avec 12 particules fondamentales de matière, 4 interactions, et une trentaine de paramètres libres, nous permet de comprendre l'évolution de notre univers, comment se forment noyaux, atomes, molécules, gaz, liquides, solides, étoiles, planètes, galaxies, amas, à peu près tout (sauf les « grandes questions » bien sûr). On pourrait en être satisfaits, mais la question du « pourquoi » continue de tarauder les physiciens. Pourquoi ces particules-ci, pourquoi ces valeurs de constantes fondamentales, pourquoi cette structure de l'espace-temps et des interactions.

Certaines valeurs des constantes sont absolument déterminantes pour que l'univers ressemble à ce qu'il est, et en particulier pour que les humains puissent exister. D'où le principe « anthropique », énoncé par Brandon Carter vers 1970 : il y a un biais d'observation de notre univers dû au simple fait que nous soyons là pour l'observer. Il est impossible que nous observions un univers où les lois et les constantes de la Physique ne permettent pas l'existence d'humains.

L'exemple le plus cité de cet « ajustement fin » d'une valeur physique nécessité par notre simple existence, est la prédiction par Fred Hoyle, en 1953, de l'existence d'un état excité du noyau de carbone, avant que cet état ne soit découvert et mesuré expérimentalement. Cet état excité est en effet nécessaire à la production du carbone dans les étoiles au taux observé dans l'univers. Après l'apparition du principe anthropique dans les années 1970, cette remarquable déduction de Hoyle a été présentée comme la première « prédiction » faite à partir de ce principe : il faut du carbone pour faire des humains, donc pour qu'il y ait des observateurs. En fait, il ne semble pas que Hoyle ait jamais relié cette abondance de carbone à la présence d'observateurs humains. Mais l'argument persiste : nous avons ainsi de nombreux exemples de coïncidences numériques, ou de valeurs précises, qui ne semblent être la conséquence d'aucune loi fondamentale, mais qui sont simplement nécessaires pour que l'univers soit tel qu'il est, et que nous puissions en parler.

L'application du principe est assez floue : en effet, comment distinguer une quantité « naturelle » d'une quantité « ajustée finement » pour les besoins du principe ? On rejoint la question de la naturalité dont nous parlions au chapitre V.

Quoi qu'il en soit, on voit aussi que l'application stricte du principe est une pente glissante. Après tout, pourquoi se donner le mal de tenter de comprendre et expliquer, si après avoir remonté quelques étapes dans la chaîne du réductionnisme, on s'arrête en disant : c'est comme ça parce que ce doit être comme ça ? On pourrait tout aussi bien s'arrêter à l'étape d'avant, et de fil en aiguille ne plus rien expliquer du tout, se contentant d'observer sans modéliser, d'être les comptables de l'univers, mais pas ses interprètes.

Les multivers

Il est difficile de donner un sens précis au principe anthropique appliqué à un univers unique. On en arrive à un choix personnel : certes j'observe des valeurs compatibles avec la présence de l'humain, et je peux m'arrêter là. Mais je peux aussi essayer de comprendre si l'univers est régi par des lois plus simples, plus générales, dont on pourrait déduire la valeur de ces constantes. Le choix entre ces deux attitudes est indéterminé : cela revient plus ou moins à tenter de faire des statistiques avec un échantillon unique, puisque par définition on ne peut observer qu'un seul univers, le nôtre. Mais depuis les années 2000, l'idée de faire des statistiques avec les univers a pris un sens plus précis. En effet, plusieurs développements théoriques décrivent la naissance permanente, puis la présence simultanée, de très nombreux univers. Les lois physiques sont à priori différentes dans chacun de ces univers. C'est ce que l'on appelle la théorie des « multivers ».

La théorie des supercordes a fourni un soutien supplémentaire en faveur des multivers. Comme nous avons vu au chapitre I, la théorie préférée suppose un espace avec de nombreuses dimensions supplémentaires, au-delà des 3 dimensions de notre univers habituel. Les dimensions supplémentaires sont censées se replier sur elles-mêmes, le mot est « se compactifier », de façon à ne plus apparaître à notre échelle. Il existe des myriades de possibilités pour ces compactifications, un peu comme le froissement d'une feuille de papier peut occasionner des plis, des tubes, des déchirures, et nous n'avons aucun argument qui favoriserait plutôt une de ces possibilités. Malgré beaucoup de développements et d'efforts, on n'a pas pu démontrer que l'hypothèse des supercordes a pour conséquence que le seul type possible d'univers est le nôtre.

Voilà donc une source parfaite de multivers ! Pourtant, même en admettant que la théorie des supercordes soit la bonne (et bien qu'aucun indice expérimental n'en existe), personne ne peut savoir si la présence de multivers est vraiment obligatoire, ou si nous n'avons simplement pas trouvé l'explication qui fait de notre univers la seule compactification possible.

La définition d'un univers étant que si on y habite, on ne peut voir au-delà de ses frontières, l'hypothèse des multivers est par nature invérifiable, et donc in-falsifiable. Ainsi beaucoup de physiciens ont-ils tendance à classer l'idée comme intéressante, mais non-scientifique.

Comme nous l'avons énoncé de façon un peu provocatrice au chapitre III, la théorie des multivers rejoint une forme d'animisme : une ontologie différente dans chaque univers…

Entre réductionnisme et anthropisme

L'anthropisme ne signifie pas la fin de la science, ni même la fin de la Physique : on pourrait se contenter d'explorer les mécanismes, les relations, en admettant qu'à chaque fois qu'on rencontrera une question un peu difficile on y apportera une réponse « ad hoc », un nouveau paramètre, une nouvelle verrue théorique. Ceci permettrait l'utilisation pratique des nouvelles connaissances, mais abandonnerait l'idéal réductionniste de comprendre en termes simples. Vous avez senti tout le côté désabusé de cette dernière phrase… Mais sans en arriver là, la frontière entre réductionnisme et anthropisme est-elle si nette ? En pratique, lorsque nous tentons de représenter notre univers, nous avons aussi le choix entre une multitude de représentations possibles. Nos théories chéries sont aussi issues de l'histoire de la pensée humaine, des circonstances culturelles, sociologiques, environnementales. De fait, leurs contradictions, entre elles et internes, nous prouvent assez que ce ne sont pas des vérités uniques qu'il nous faudrait simplement dévoiler.

Est-il possible d'imaginer une autre route que la recherche acharnée de la solution miracle ou le fatalisme anthropique ? C'est peut-être le moment de réfléchir à ce que sont nos représentations du monde, comment elles se forment et ce que nous en attendons.

IX. La fin de la Physique 2 : algorithmes et Intelligence Artificielle

L'Intelligence Artificielle en quelques lignes

Tout le monde peut constater que des tâches qui étaient classiquement effectuées par des cerveaux humains le sont maintenant par des ordinateurs : classer, trier, déduire, proposer, reconnaître, écrire un texte, composer une musique, etc. Pour envisager l'impact de ces techniques d'Intelligence Artificielle sur la science, il est intéressant ici de comprendre en détail sur un exemple très simple comment fonctionne un algorithme d'Intelligence Artificielle. Prenons ainsi l'exemple ultra-classique de la reconnaissance de caractères. Supposons d'abord que les lettres à reconnaître sont des caractères d'imprimerie, sous une seule police : chaque caractère s'écrit toujours exactement de la même façon. Il est alors évident qu'on peut élaborer un algorithme de reconnaissance en positionnant le caractère sur une grille, et en comparant la liste des cases noires et celle des cases blanches à la liste type caractéristique du « A », du « B », etc., jusqu'à ce qu'on trouve la liste correspondante. Jusque-là, il ne s'agit que d'un algorithme logique, un ensemble de tests oui/non. Si toutes les cases de la lettre à reconnaître correspondent à celles d'une des lettres de la liste de référence, la lettre correspondante est choisie. La réponse est aussi de type oui/non : soit il y a une solution et la lettre présentée correspond à une des lettres connues, soit on peut affirmer que le dessin présenté ne correspond pas à une lettre connue. Un tel système est logique, mais il n'est pas « intelligent ». Une première amélioration consisterait à tolérer quelques défauts. Lorsqu'on compare aux caractères types, on pourrait par exemple compter le nombre de cases qui correspondent dans chaque lettre de la liste de référence, puis choisir la lettre qui a le plus de bonnes cases, avec un critère de qualité d'au moins X % de bonnes cases.

Un humain qui sait lire peut reconnaître des caractères avec une très grande variabilité d'écriture, de taille, de positionnement. Il serait extrêmement fastidieux de concevoir un algorithme purement logique qui prenne en compte toutes ces variabilités, en incluant tous les types de lettres possibles dans sa liste de référence. De plus un tel algorithme ne donnerait aucune réponse si le caractère qu'on lui présente n'a pas assez de cases en commun avec aucun de ceux de la liste type. L'humain sait à merveille effectuer ce mélange de logique et d'approximation qui permet de reconnaître à coup sûr (ou presque) un caractère.

L'évolution fondamentale a été de concevoir un algorithme qui, comme un humain, apprend à partir d'exemples. On conçoit donc un programme qui, à partir des valeurs 0 ou 1 des cases blanches ou noires d'un dessin posé sur une grille, calcule un nombre entre 1 et 26, qui sera le rang dans l'alphabet de la lettre choisie. Par exemple si le résultat du calcul est compris entre 12,5 et 13,5, on dit que le programme indique un « M », la 13è lettre de l'alphabet. Le programme effectue ce calcul à l'aide de fonctions préétablies, et d'une table de coefficients. Dans un temps préparatoire, on effectue l'apprentissage en présentant au programme des exemples nombreux et variés de caractères. On ajuste les coefficients internes du programme pour que sur cet échantillon d'apprentissage, le taux de reconnaissance des exemples soit le plus élevé possible, c'est-à-dire que le résultat du calcul corresponde le plus souvent possible au numéro correct de la lettre présentée. Notez que cet « apprentissage », souvent présenté de façon mystérieuse ou magique[11], n'a rien de complexe : il s'agit d'un problème classique d'ajustement des paramètres d'une fonction pour obtenir un résultat donné, ici le

[11] La plupart des exposés sur les « réseaux de neurones » mettent en avant la méthode d'apprentissage par « rétro-propagation », comme si cette méthode était miraculeuse et essentielle. Il n'en est rien, on peut ajuster ces coefficients par d'autres méthodes classiques d'optimisation, souvent d'ailleurs bien plus efficaces.

nombre maximum d'attributions correctes parmi les exemples. On fournit bien sûr de multiples exemples de chaque caractère, qui couvrent largement la variabilité possible d'écriture. Les coefficients sont alors fixés, et le programme est prêt à faire son travail de reconnaissance de caractères, comme un élève qui a appris à lire sur de nombreux exemples peut ensuite reconnaître une lettre qui se présente à lui. Lorsqu'on présente un nouveau caractère à reconnaître, le programme effectue le calcul avec ses coefficients, et le résultat du calcul indique alors la lettre « reconnue ».

Bien entendu, le bon fonctionnement, c'est-à-dire le fait que le programme ait un taux d'erreurs faible, dépend complètement du type de fonctions utilisées, de leur nombre, et de leur enchaînement. On en connaît plusieurs types (réseaux de neurones, arbres de décision, etc.) qui permettent une bonne discrimination entre les différentes lettres. Leur point commun est que les fonctions élémentaires utilisées doivent être très « non-linéaires » (elles passent rapidement d'une valeur à l'autre), et doivent être nombreuses dans le programme pour bien couvrir l'ensemble des possibilités.

Prenons deux caractères qui ont des points communs, par exemple un « I » et un « T ». Pour de petites variations autour du caractère « I » type, le programme est bien fixé sur le choix « I », le résultat du calcul étant le rang dans l'alphabet de la lettre « I », soit la valeur 9 ou une valeur très proche de 9. Faisons évoluer le « I » en allongeant progressivement la barre horizontale du haut : le résultat du programme va d'abord rester proche de 9, qui correspond à « I ». Allongeons encore la barre du haut : à un moment le résultat va s'éloigner un peu de la valeur 9 : 9,2, 9,3, puis brusquement le résultat du programme bascule sur la valeur 20, indiquant que le programme choisit maintenant la lettre « T ». Pour une barre du haut de cette nouvelle longueur, il préfère « T » à « I ». Il n'y pas d'entre-deux. Il ne faut d'ailleurs pas qu'il y en ait, ce qui signifie que l'algorithme de reconnaissance doit être très « non-linéaire ». Un algorithme « linéaire » à qui on présenterait un « I » mal fait, avec une barre supérieure un peu trop longue, donc à mi-chemin entre « I » et

« T », donnerait une réponse numérique à mi-chemin entre 9 et 20, soit 14,5, qui dans l'alphabet correspondrait à une lettre entre « O » et « P », un résultat qui n'a rien à voir ni avec « I » ni avec « T ».

A nouveau, la nature non-linéaire et collective du problème, et de la solution, est essentielle.

L'exemple de la physique des particules expérimentale

Une grande partie de la recherche expérimentale en physique des particules s'effectue auprès de grands accélérateurs, le plus connu étant le LHC du CERN, actuellement en service. Ces machines accélèrent des particules connues (au LHC des protons, ou des noyaux atomiques lourds), et les font entrer en collision, occasionnant ainsi de très grandes concentrations d'énergie dans un volume et un temps très petits, ce qui permet de sonder la structure de la matière à ces échelles minuscules d'espace et de temps. Autour des points de rencontre des faisceaux de particules, de grandes collaborations internationales de physiciens et d'ingénieurs ont installé d'immenses détecteurs de particules. Pour chaque collision proton-proton au LHC, par exemple, un grand détecteur enregistre la direction, l'énergie, et le type de toutes les particules issues de la collision, typiquement une cinquantaine de particules. Ces « événements » (dans le jargon des physiciens) sont triés au vol, et une petite fraction d'entre eux, que l'on pense intéressants, sont enregistrés pour une analyse plus détaillée. Le but de l'analyse est de reconstituer au mieux le processus qui a donné lieu à chaque événement, et éventuellement de découvrir parmi tous les événements un processus nouveau, ou de mesurer une quantité physique importante. Ces collisions sont, comme l'ensemble du monde microscopique, régies par la Théorie Quantique, et des collisions identiques peuvent donner lieu à des processus différents. C'est même la règle : tous les processus possibles sont réalisés, avec une fréquence qui dépend du processus. Ainsi, on explore toute une gamme de possibles en effectuant de très nombreuses collisions proton-proton par exemple. Plus les collisions sont nombreuses, plus on aura accès à des processus rares, qui donc n'avaient pas été mis en évidence auprès des précédentes machines. Cela a été le cas du boson de Higgs, découvert au LHC en 2012.

Cependant, même si l'on dispose d'une machine qui fournit suffisamment d'énergie et suffisamment de collisions pour activer le processus recherché, il y a encore une difficulté majeure : ces très nombreuses collisions peuvent aussi engendrer des événements qui ressemblent aux événements recherchés, comme la production d'un boson de Higgs, mais qui n'en sont pas. Il peut s'agir de processus banals, mais qui se présentent dans une configuration un peu tordue, ou d'erreurs de l'appareillage de mesure : même le meilleur instrument possède une marge d'incertitude. Le problème est donc d'identifier le « signal », les événements dus au processus recherché, dans une grande quantité de « bruit de fond », les événements banals qui le simulent. C'est une situation très classique en sciences : toute expérience ou mesure est soumise à bruit de fond et incertitude, et annoncer un résultat consiste avant tout à convaincre la communauté que le signal n'est pas une fluctuation du bruit de fond ou que la mesure n'est pas biaisée au-delà de l'incertitude indiquée.

Pour avoir la meilleure efficacité à mettre en évidence une nouvelle particule, ou un nouveau processus, le jeu consiste donc à discriminer le mieux possible entre événements de signal et événements de bruit de fond. Dans chaque événement enregistré, les physiciens savent utiliser l'information fournie par le détecteur pour reconstituer certaines parties, identifiant des particules connues, mesurant leur type, leur direction et leur énergie. Pour garder le plus possible d'événements de signal, et rejeter le plus possible d'événements de bruit de fond, un exemple typique de critères de sélection serait par exemple :

« sélectionner les événements qui contiennent au moins une particule de tel type et d'au moins telle énergie, et une autre particule de tel autre type et d'au moins telle autre énergie, leurs directions étant séparées d'un angle compris entre telle et telle valeur. »

On se sera assuré par des calculs théoriques et des simulations numériques que cette sélection conserve une bonne fraction des événements de signal et rejette une grande fraction des événements de fond.

Jusqu'aux années 1990 environ, aux accélérateurs précédant le LHC, ce tri entre signal et bruit de fond était fait sur ce type de critères, basés sur des quantités physiques bien connues et ajustés un par un par les chercheurs. L'analyse était guidée par la compréhension de la théorie, en tentant d'exploiter au mieux les caractéristiques des événements de signal prédites par la théorie. A partir des années 1990, les choses ont commencé de changer, auprès du LEP (au CERN) et du TeVatron (à Chicago), avec l'arrivée de sélections basées sur des algorithmes d'Intelligence Artificielle. De tels programmes peuvent trier les événements de signal et ceux de bruit de fond comme ils peuvent reconnaître des caractères, même mal écrits ! Supposons que l'on dispose de simulations fiables, capables de produire des événements simulés de signal et des événements simulés de bruit de fond. On peut alors entraîner le programme de sélection en lui soumettant des lots d'événements simulés dont on lui donne la nature, signal ou fond, et on ajuste les paramètres du programme pour qu'il fournisse le meilleur taux d'identifications correctes sur ces lots d'apprentissage. Ensuite, pour l'analyse des vraies collisions, on présente chaque événement mesuré par le détecteur au programme pré-entraîné, et celui-ci donne sa réponse : événement de signal ou événement de fond. La méthode est idéalement adaptée à ces analyses de physique des particules : les événements sont indépendants les uns des autres, et les lots en sont très importants, souvent des millions ou des milliards.

Cela paraît simple, pourtant il a fallu des années pour que la communauté des physiciens valide des résultats obtenus par ce type de méthode. Il y a bien sûr des arguments objectifs pour cette réticence. Il est difficile de prouver que la simulation est fiable au niveau requis : comme tout élève, le programme n'apprend bien que si on l'entraîne avec un enseignement juste. Les effets expérimentaux, biais des détecteurs ou des méthodes, sont plus difficiles à maîtriser dans une approche « globale » comme celle-ci, que dans l'analyse à petits pas par critères successifs. Mais le principal écueil était la psychologie des physiciens : à cette époque j'ai entendu très souvent un physicien dire « je ne fais pas confiance à une boîte noire ». Pourtant, il ne s'agit que d'un outil supplémentaire d'analyse, et nous en utilisions déjà beaucoup : géométrie, algèbre, statistiques... Pourquoi celui-ci a-t-il suscité une telle opposition ?

Il me semble que la véritable raison est qu'une telle méthode enlève à l'expérimentateur une partie traditionnelle de son art. Bâtir une analyse de données, c'était trouver, avec son flair de physicien.ne, une suite de critères performante pour la discrimination signal/fond. Dans cette construction, il n'existait pas de méthode standard, et on trouvait son chemin à chaque nouvelle analyse, comme un grimpeur trouve une nouvelle voie dans une paroi vierge.

Avec l'Intelligence Artificielle, tout est dans la préparation : simulation, prétraitement des données, choix du type de programme de tri le plus adapté. Ensuite, le programme effectue lui-même le tri et étiquette chaque événement comme provenant plus vraisemblablement du signal ou au contraire du fond. On évalue la probabilité d'erreur du programme en lui soumettant un nouveau lot simulé où l'on a mélangé exprès événements de signal et de fond.

Après des années de tentatives et de résistance de la communauté, les méthodes d'intelligence artificielle ont fini par s'imposer. Aujourd'hui, toutes les analyses faites par les expériences auprès du LHC les utilisent. Généralement, l'analyse comporte encore une grande part de méthodes inspirées par la théorie et explicables en mots de physicien : on calcule ceci parce que tel bruit de fond sera mieux écarté, etc. Mais on fait intervenir l'intelligence artificielle pour optimiser chaque étape, pour l'identification de chaque particule, ou pour l'événement global, afin d'exploiter au mieux des différences subtiles entre signal et fond. Il est vrai que les simulations ont fait beaucoup de progrès, rendant la méthode plus fiable. On comprend aussi beaucoup mieux aujourd'hui quel type de problème bénéficie le plus d'une telle méthode, et aussi comment maîtriser les incertitudes théorique et expérimentale malgré l'approche « boîte noire ».

Pour revenir au rôle du physicien : en extrapolant un peu, on pourrait imaginer que pour n'importe quelle analyse, on produise simplement les simulations de signal et de fond, que l'on donne à apprendre à un bon programme d'Intelligence Artificielle. Il suffit ensuite d'appliquer ce programme aux vraies données… et voilà ! Il réalise alors la discrimination optimale. A la limite, plus besoin même de programme de « reconstruction » des événements, plus besoin d'effectuer des calculs compliqués sur l'événement lui-même : la boîte noire s'occupe de tout.

Peut-on se passer de théorie ?

Plus récemment encore, les progrès de l'Intelligence Artificielle (on l'appellera « IA » dans la suite) ont permis de créer des algorithmes capables d'identifier une catégorie d'objets, d'images par exemple, sans qu'on leur ait jamais désigné explicitement cette catégorie. Pour prendre un exemple simple, et très réaliste, on présente à un tel programme des millions de photos qui passent sur les réseaux sociaux, et le programme répond : j'ai identifié une catégorie d'images qui contient une sorte de boule surmontée de deux petits triangles, munie un peu en dessous de son centre de petits traits fins quasi horizontaux, le tout ayant des bords hérissés de traits plus courts et très fins. Bref, le programme a identifié tout seul la catégorie « photo de chat ». Il s'agit bel et bien d'une modélisation, mais qui n'a rien à voir avec notre habituelle modélisation d'un chat, avec sa description zoologique, culturelle, ou autre.

Que dirait un tel programme si on lui présentait les données d'une expérience de physique, mais sans lui enseigner la Physique bien sûr ?

Dès les années 1980, des chercheurs en programmation ont écrit des algorithmes capables de repérer des régularités dans des données d'expériences simples, et ont réussi ainsi à « redécouvrir » la loi des gaz parfaits, ou la loi d'Ohm, mais il était clair que ces algorithmes dépendaient très fortement d'un guidage humain : ils découvraient ce qu'ils étaient faits pour découvrir. Les progrès récents de l'IA ont rendu le sujet bien plus intéressant. C'est par exemple le sujet d'une publication de 2009 qui a fait quelque bruit[12]. Les auteurs ont construit un système mécanique simple, bien connu des enseignants en physique : un double pendule. Dans ce système un premier bras pendulaire pend depuis un pivot fixe ; à son extrémité inférieure, ce bras possède un second pivot, duquel pend un second bras. A l'extrémité inférieure du second bras est fixée une masse. Au repos, l'ensemble est aligné sur la verticale. On lance le système en écartant la masse de la verticale, et on le laisse évoluer. Le mouvement paraît en fait assez complexe et erratique, à cause de l'interaction des deux bras entre eux. Les auteurs enregistrent les positions de points du système pendant le mouvement, et les donnent à un programme d'IA. Le but de ce programme est de tenter de repérer des « régularités », et en particulier des quantités conservées. Le programme a le droit d'utiliser des opérations de base : +, −, ×, ÷. Il peut par exemple « essayer » une combinaison comme $v_1 \times v_1$ où v_1 serait la vitesse d'un point particulier du système. On laisse donc le programme « observer » le mouvement du pendule double, en partant avec différentes configurations et différentes vitesses, puis on lui demande : qu'as-tu vu dans ces mouvements ?

Le résultat est que le programme redécouvre les lois de la mécanique : il donne les équations de conservation de l'énergie et de l'impulsion. Dans le principe, cette expérience est remarquable et importante. Un programme d'IA généraliste, seulement entraîné à repérer des régularités, est capable de trouver en quelques instants des concepts que l'homme a mis des siècles à échafauder. Il le fait en court-circuitant toute la démarche intellectuelle qui a permis de dégager et d'affiner les concepts d'énergie cinétique, d'énergie potentielle, etc. Simplement en regardant les données.

---

[12] Distilling Free-Form Natural Laws from Experimental Data

M. Schmidt, Hod Lipson, Science (324) 2009

Il est facile aujourd'hui de critiquer ce message et de le présenter comme excessif : après tout, l'expérience a été montée dans ce but, et le programme n'a, une fois de plus, trouvé que ce qu'on savait déjà. A ma connaissance, il n'y a pas encore d'exemple où un grand concept aurait été mis en évidence par un programme d'IA avant que la science déductive ne l'invente. Mais cette critique me paraît elle-même bien limitée. Il est en fait assez naïf de faire comme si cette question « un algorithme peut-il inventer une théorie de la Physique ? » pouvait être isolée du contexte scientifique de notre époque. La science, et en particulier la Physique, est un ensemble cohérent et construit. Si nous possédons les moyens intellectuels, mathématiques et informatiques pour construire des algorithmes d'IA, et les exécuter sur des ordinateurs puissants, il est implicite que nous avons depuis longtemps le niveau pour connaître les lois élémentaires de la Physique que retrouvent ces algorithmes. Par conséquent, il est bien difficile de dire si la réussite de l'algorithme d'IA n'est que la répétition de ce qu'on sait déjà, ou si elle aurait pu se produire même en l'absence du savoir actuel, qui ne serait que contingent.

Quoi qu'il en soit, ces expériences, et les publications qui en découlent, ont le mérite de poser la question de façon claire et pratique : allons-nous vers la fin de la « théorie physique » au sens où nous l'entendons habituellement ? Sera-t-il bientôt possible de court-circuiter toute les séquences que nous connaissons comme l'évolution historique de la Physique : définition de concepts, puis sélection naturelle au profit des plus efficaces ? En extrapolant (beaucoup), on pourrait imaginer une tout autre démarche dans le futur :

On fournit à un grand (très grand) programme d'IA toutes les données brutes de toutes les expériences de physique déjà réalisées. Ce programme, muni de son algorithme et de ces données, constitue alors l'intégralité de la « théorie en vigueur ».

En premier lieu, une bonne théorie est capable de prédire le résultat d'une nouvelle mesure. Pour émuler cette fonction, on demande donc au programme « quel sera le résultat si j'effectue telle nouvelle mesure ». Le programme donnera une réponse en interpolant/extrapolant les mesures qu'il connaît déjà, exactement comme notre programme de reconnaissance des caractères le faisait.

Ensuite, une bonne théorie doit être féconde, par exemple en applications pratiques pour l'homme. Il est aussi possible de demander au programme, qui connaît tous les objets, systèmes et installations humaines, s'il peut trouver des améliorations, et même s'il peut en inventer de nouveau. Grâce à sa capacité de calcul infinie, le programme peut tester en permanence toutes les possibilités de systèmes, et sélectionner ceux qui auraient une chance de fonctionner. Nul doute qu'il en propose de nouveaux, et fort utiles.

Une bonne théorie doit aussi être féconde en idées. Mais puisqu'il n'y a plus besoins d'idées, à quoi bon en trouver de nouvelles ? Bon, si les humains insistent vraiment pour utiliser leur ancien schéma de connaissance, le programme peut parfaitement leur proposer de nouvelles régularités qu'il aura identifiées dans les données, de nouvelles relations, de nouvelles équations. Le véritable progrès ne serait alors plus que dans les progrès du programme lui-même. Rien n'interdit alors de lui poser la question « dans les données, vois-tu quelque chose qui pourrait contribuer à t'améliorer toi-même ? », et même « de quelles nouvelles expériences aurais-tu besoin pour t'améliorer ? ». Ces nouvelles expériences, suggérées par l'algorithme lui-même, seraient alors la base du programme scientifique.

Je vous sens frémir : le rôle de l'humain semble bien marginal à ce stade.

Nous en sommes très loin, et personne ne sait si nous irons vraiment dans cette direction. A chacune de ces publications, des voix s'élèvent pour rappeler le rôle central de l'imagination et de la créativité humaines dans l'avancement de la science. J'en conviens, c'est une évidence, et aujourd'hui on peut encore facilement se rassurer sur la prééminence de l'esprit humain. Mais ces recherches ont l'intérêt de questionner en profondeur la méthode scientifique. Les voix en question sont en fait toujours fascinées par les grandes créations intellectuelles comme la mécanique, l'électricité et la thermodynamique classiques, la Théorie Quantique et la Relativité, surtout lorsqu'une théorie est en apparence l'œuvre d'un seul cerveau, comme l'exemple écrasant de la Relativité Générale inventée par Einstein. Par cette fascination, elle leur confère un caractère transcendant, voire spirituel. Je pense que cette façon de voir minimise à tort le côté mécaniste des théories : une théorie n'est que l'identification de concepts, de régularités, et nous la validons dès que son extrapolation dans le voisinage proche s'est révélée juste.

Même si le remplacement de toute théorie n'est pas pour demain, l'exemple du « tout IA » doit au moins nous inciter à une certaine humilité…

X. La fin de la Physique 3 : le désamour

Le péché originel : la bombe « atomique » et son utilisation en 1945

Le 6 août 1945, un éclair éblouit le ciel de la ville japonaise d'Hiroshima. Ce seul éclair, la chaleur de son rayonnement, et l'ouragan d'air et de feu qu'il engendra réduisirent la ville entière à des ruines et tua environ la moitié de ses habitants, entre 100 000 et 150 000 personnes. Trois jours plus tard, le même éclair écrasa la ville de Nagasaki, tuant environ 70 000 personnes. Ce n'était hélas pas la première fois qu'un bombardement rasait une ville et tuait des dizaines de milliers d'habitants, mais le monde apprit ensuite qu'une seule bombe était à l'origine de chacun de ces carnages. Le monde comprit vite que l'arme « atomique » (il faudrait plutôt dire « nucléaire ») conditionnerait les rapports entre grands pays pour longtemps. Surtout, le monde entier apprit que cette arme d'une puissance insensée était le fruit de la Physique du XXe siècle, mise en pratique dans le plus grand secret aux USA. On relia cette arme avec la personnalité d'un homme, Einstein, et tout à la fois on s'effraya et on s'émerveilla de la juxtaposition des images des villes japonaises dévastées et du portrait du savant facétieux. Comme souvent, ce raccourci comporte du vrai et du faux, à commencer par le fait que les plus célèbres photos montraient Einstein à plus de 65 ans, alors qu'il en avait 26 au moment de la découverte de la théorie de la Relativité (Restreinte), qui révéla l'énergie nucléaire.

Bien entendu, le monde était déjà conscient que la science pouvait être à la fois le vecteur du plus grand progrès : santé, mécanisation, transports, communications, et des plus grandes destructions : obus et bombes classiques, gaz de combat, etc.

Mais cette fois il s'agissait d'un événement inattendu - puisque secret -, un événement singulier - deux bombes avaient arrêté une guerre (au moins était-ce la présentation de l'époque) -, et surtout un événement incompréhensible : cette puissance ne correspondait à rien d'utilisé couramment, au contraire des explosifs classiques, utilisés pour le guerre, mais aussi pour les travaux publics, et proches dans leur principe de tous les feux habituels.

Le martyre des villes d'Hiroshima et Nagasaki a très profondément marqué l'opinion vis-à-vis de la Physique, et en premier lieu de la physique nucléaire, mais aussi vis-à-vis de toutes les sciences. Il révéla le pouvoir et la responsabilité démesurés des scientifiques. Il révéla aussi que la science pouvait agir de façon déconnectée de la vie quotidienne, évoluant dans un monde intellectuel et expérimental coupé des besoins et des craintes des gens, le secret militaire n'étant que la forme la plus extrême de l'abîme entre science et peuple. Même si très majoritairement approuvée à l'époque par les populations des pays Alliés, l'utilisation de ces armes terribles a endommagé de façon irréversible la confiance entre les gens et les sciences. Une autre façon de voir est de penser que cet abîme existait déjà auparavant, mais que l'extrême brutalité des bombardements nucléaires l'a pleinement révélé, bien davantage que ne l'avaient fait les horreurs précédentes.

Surmonter les erreurs : l'exemple du réchauffement climatique

Aujourd'hui, le fait que les sciences peuvent être porteuses d'errements dangereux comme de véritable progrès est une évidence pour tous, et c'est fort bien ainsi. Croire aveuglément au progrès technique comme on l'avait fait jusque dans les années 1970, sans se poser de questions de responsabilité et d'éthique, ne pouvait que conduire à l'échec des sciences et de la société. Inversement, on en est arrivé, à partir des années 2000, à une défiance généralisée envers les sciences, amalgamée avec la défiance envers les systèmes politiques, et pour faire court avec la défiance envers les autres humains.

Pourtant, la science s'est aussi montrée capable de prendre conscience de ses erreurs et de proposer des corrections. L'étude du réchauffement climatique me semble un premier exemple très significatif et important. En effet, ce sont bien les scientifiques qui ont identifié la cause humaine du réchauffement et averti de ses conséquences potentielles. Sans retomber dans un optimisme béat vis-à-vis des acteurs et des pratiques scientifiques, on peut se réjouir que sur ce sujet, les rôles et les responsabilités soient maintenant inversés, par rapport au dernier demi-siècle. En simplifiant un peu, aujourd'hui ce sont les scientifiques qui alertent et incitent à la prudence pour protéger les générations futures, alors que les populations actuelles dans leur majorité résistent égoïstement au changement de mode de vie. Heureusement une autre partie de ces mêmes populations soutient déjà les scientifiques, et on peut y voir un chemin de réconciliation, et de réappropriation des sciences.

XI. Une nouvelle Ere des Lumières ?

L'Ere des Lumières

Est-ce un biais français que de s'émerveiller sur cet épisode culturel extraordinaire que fut l'apparition de la philosophie des Lumières ?

Les Lumières proposent une évolution politique : les droits de l'homme, l'abolition des privilèges, l'avènement de sociétés démocratiques. Mais cette évolution se fait en parallèle d'un projet scientifique universaliste et généreux.

Mon exemple préféré de cette démarche révolutionnaire et désintéressée, est l'invention et la mise en œuvre d'une mesure de distance universelle : le mètre. Avant la Révolution française, les mesures, toutes les mesures de distance, de volume, de poids, etc. dépendent du pays et même de la région. La confusion fait les choux gras des spéculateurs et des meilleurs connaisseurs du système, au dépens des usagers les plus modestes qu'ils peuvent tromper sur la quantité d'or, de tissu ou de grain. Durant la Révolution, l'assemblée Constituante, par la voix de Talleyrand, et inspirée par des savants et philosophes de l'Académie des Sciences tels que Borda, Lagrange, Monge, Condorcet, Lavoisier[13], proposa d'établir un système d'unités de mesure universel, accessible à tous les humains en tout point de la Terre. En ce qui concerne les longueurs, et donc aussi les surfaces et les volumes, la référence en serait le mètre, défini comme la

[13] Le malheureux Lavoisier, malgré son œuvre immense et généreuse, fut guillotiné en 1794 parce qu'il était fermier général. A son simulacre de procès, le président du tribunal révolutionnaire déclara : « La République n'a pas besoin de savants, ni de chimistes… »

quarante-millionième partie du méridien terrestre. Des mesures préliminaires de ce méridien existaient, mais elles étaient difficiles à unifier. L'assemblée chargea donc deux astronomes, Delambre et Méchain, de mesurer la distance et la courbure de la Terre entre Dunkerque et Barcelone. Pour cela, il fallait aller sur le terrain d'une ville à l'autre, et effectuer des visées à la lunette de clocher en clocher, de ferme en château et de colline en sommet, dans une France en pleine Révolution, et même en guerre avec l'Espagne pour la fin du périple. L'aventure durera 7 ans, de 1791 à 1798. Son récit constitue une page incroyable et passionnante de l'histoire des sciences. Emouvante aussi, puisque Méchain, après avoir été blessé, emprisonné, puis libéré, mourra en 1804 de la fièvre jaune à Barcelone où il était retourné, pour tenter de trouver la source d'une discordance minuscule de ses mesures qu'il ne parvenait pas à expliquer.

Ces deux savants éminents, paisibles astronomes, déjà très réputés dans leur communauté, n'avaient pas hésité à se jeter sur les routes et à en affronter les dangers, dans le but unique de donner à l'humanité une unité de mesure fiable, neutre, et sincère. L'assemblée des élus du peuple français avait jugé un tel projet assez important pour le décider, le soutenir, puis l'imposer en dépit des inévitables résistances.

Une autre grande œuvre emblématique des Lumières est l'écriture et la publication de l'Encyclopédie, par Diderot et ses amis. Là aussi, on est bouleversé par la noblesse du projet et la persévérance à l'accomplir. Le projet de cette première encyclopédie est de mettre à la portée de tous l'ensemble des savoirs de l'époque. La géographie et l'histoire permettent ainsi à chacun de trouver sa place dans le monde, au lieu de ne connaître que celle que lui a attribuée sa naissance. Aussi, d'acquérir l'autonomie en acquérant les savoirs techniques : agriculture, artisanats variés. Enfin, de s'autoriser la réflexion sur les sujets jusque-là régis par les autorités d'Eglise et d'Etat : philosophie et religion.

Aujourd'hui, le réseau Internet est aussi une révolution dans le moyen d'accès du plus grand nombre à une information riche, presqu'illimitée. Les motivations initiales de l'invention du

World Wide Web ne sont d'ailleurs pas très éloignées de celles des encyclopédistes : le web a été inventé au CERN, pour permettre aux chercheurs de tous pays et de toutes cultures, qui font le tissu de ce centre de recherches mondial, de collaborer efficacement. A la différence de l'Encyclopédie, où le rôle du public était limité à la lecture, donc passif, Internet est maintenant un réseau participatif où chacun peut contribuer, pour le meilleur ou pour le moins bon. Pour le meilleur, un seul exemple : Wikipedia est devenue la principale encyclopédie de premier accès pour le public et, avouons-le, souvent aussi pour les experts. Je suis étonné de la civilité des contributeurs, de leur sens des responsabilités. Les pages de construction et de révision des articles sont souvent passionnantes, avec leurs débats courtois et argumentés. En ce qui concerne le moins bon, et le pire… je n'ai pas besoin de le décrire ici, vous les connaissez fort bien.

Les succès actuels de la Physique et quelques pistes de révolutions à venir

Une grande partie de ce livre a été consacrée à exposer les crises, les problèmes de la Physique. Il ne faudrait pas pour autant que cela fasse oublier les succès extraordinaires de la science, et de cette discipline en particulier. Sur les questions fondamentales, les « grandes » questions, nous nous trouvons face à des problèmes uniquement parce que les avancées récentes nous ont permis une extraordinaire exploration de notre univers dans ses dimensions les plus petites et les plus grandes, tant du point de vue expérimental que théorique. A nouveau, il n'est pas choquant que dans le cours d'une évolution aussi vaste et rapide, il y ait des moments de crise ou de blocage qui demanderont un peu de maturation.

Je voudrais mentionner deux pistes qui me paraissent pertinentes ici, l'une théorique, la « gravité émergente », l'autre pratique, « l'ordinateur quantique ». Un mot de précaution cependant : il n'est pas question de prétendre que chacune de ces deux pistes est actuellement en mesure de résoudre tous les problèmes mentionnés plus haut dans leurs domaines respectifs :

la gravité quantique et la révolution de l'information. Mais il me semble que ces deux pistes témoignent bien de *l'esprit* des révolutions à venir en physique. Nous verrons en quoi après les avoir brièvement exposées.

Les mots « gravité émergente » font référence à un travail précis (une publication et ses suivantes) de Verlinde, travail controversé dans la communauté des théoriciens. Mais cette proposition s'inscrit dans une réflexion plus générale dans le même esprit. Ces idées sont issues des études théoriques sur les trous noirs, lorsqu'on tente par exemple de comprendre où passe l'information contenue dans les objets qui tombent dans un trou noir. Cette question s'est révélée féconde, car elle requiert un point de vue original entre la vision de la Relativité Générale, classique et géométrique, et la vision Quantique, davantage liée aux propriétés subtiles et microscopiques des objets. Selon ce courant de pensée, l'information est l'essence primordiale, avant la matière et la gravité. La gravité apparaîtrait comme résultant de règles plus fondamentales qui régissent la présence, la densité, et les échanges d'information. C'est en ce sens que la gravité, et la matière, seraient « émergentes ».

Il est assez frappant qu'un cadre théorique où la chose primordiale est l'information apparaisse aujourd'hui, à l'époque où l'information au sens commun du terme est aussi ultradéveloppée et se trouve au centre des préoccupations de la société. On peut n'y voir qu'un biais cognitif à la limite de la naïveté : dans la société ou tout tourne autour de l'information, la physique théorique se met superficiellement au diapason ! Ou alors la piste est bonne, et la Physique future sera effectivement basée sur le concept d'information. Cette physique future serait alors naturellement en phase avec la société sur la révolution de l'information. La vérité est sans doute un peu entre les deux…

Un autre volet de la révolution de l'information vue depuis la physique fondamentale pourrait venir de « l'ordinateur quantique ». Dans ce rêve de physicien, on utiliserait les étranges propriétés des objets quantiques à interagir de façon extrêmement collective, pour résoudre des problèmes complexes. La maîtrise d'un ensemble cohérent d'objets quantiques n'en est actuellement qu'à ses débuts, et les obstacles sont nombreux. En particulier, la moindre interaction d'un tel ensemble avec son environnement « classique » peut détruire la cohérence si difficilement obtenue. Il paraît toutefois probable que les chercheurs surmonteront ces obstacles, et maîtriseront un jour l'ordinateur quantique, peut-être même dans un futur assez proche.

Il est difficile d'imaginer la puissance réelle d'un tel ordinateur, et encore plus d'évaluer le changement de mentalité qui accompagnerait sa venue. Les humains apprendraient-ils à formuler leurs questionnements de façon hyper-parallèle, plutôt que de façon « linéaire » et inductive comme on le fait aujourd'hui ? Toujours est-il que cette recherche s'inscrit parfaitement dans la perspective d'une pensée non-linéaire, globale, émergente.

Une Ere des Lumières aujourd'hui ?

Poser la question peut vous sembler relever d'un optimisme naïf, complètement ignorant du monde d'aujourd'hui. Ce monde nous apparaît incertain et violent. Des pays qui étaient depuis longtemps sur le chemin de la liberté et de la liberté de penser, de l'éducation pour tous, filles et garçons, de l'élévation des niveaux de vie et de savoir, sont tentés par des accès de populisme, d'intolérance, ou leur ont déjà succombé. Seules quelques voix rappellent que la condition humaine ne cesse de s'améliorer globalement (Pinker). Et encore, cette amélioration matérielle se fait-elle au prix de désastres écologiques. Le rêve d'un Internet qui serait un formidable outil de développement culturel, citoyen, relationnel, est récupéré et hyper-exploité pour le profit de quelques firmes tentaculaires. Bref, le tableau est sombre.

A ce tableau sombre que lui apportent les nouvelles du monde, comme à chacun, le physicien ajoute la crise des sciences, et au cœur de son métier, les crises de la Physique dont nous avons parlé plus haut.

Mais si on ne cède pas au catastrophisme ambiant, on peut aussi penser que les ingrédients sont là pour sortir de ces crises par le haut. La condition est d'accompagner les développements plutôt que de les combattre.

Que pourrait être une Ere des Lumières au temps de l'Intelligence Artificielle ? Revenons au cœur de la Physique, sur les « grandes questions » que nous avons évoquées. Nous sommes encore hypnotisés par les exemples d'exploits individuels majeurs comme ceux d'Einstein. Même si nous savons que la Physique, comme les autres sciences, s'est construite grâce à des contributions multiples, nous cherchons toujours des solutions de type « Eurêka » à nos questions. Ce sera peut-être le cas : peut-être demain une théorie très esthétique viendra remplacer Théorie Quantique et Relativité. Mais peut-être pas. Peut-être, au contraire, un algorithme interprétera nos expériences et en suggérera de nouvelles. Et peut-être ce sera entre les deux : un algorithme nous aidera à interpréter nos données et à concevoir de nouvelles expériences, et nous contribuerons, nous tous plutôt que quelques génies. On peut même imaginer que nos représentations futures du monde fassent appel à un mélange harmonieux d'intelligence humaine et d'Intelligence Artificielle. Certaines parties de ces représentations seraient soutenues par des concepts au sens habituel, d'autres par des modules d'IA, des « boîtes noires » qui traiteraient pour nous de grandes quantités de données complexes ; une intelligence « augmentée » en quelque sorte.

L'abîme s'est creusé entre les gens – les non-experts – et le savoir scientifique. Mais l'usage des technologies, et en particulier des technologies de l'information, est devenu totalement universel. La plupart des peuples, mêmes défavorisés, ont un accès à Internet ou l'auront dans un proche avenir. Ils ont aussi accès à des instruments de traitement des données extrêmement puissants : un téléphone actuel a la même capacité de traitement que tout un centre de calcul des années 1980. Et les gens s'approprient facilement ces capacités : création de pages web, création de musiques, de vidéos… La possibilité de créer et diffuser soi-même des textes, des musiques, des vidéos, sans devoir faire appel à des institutionnels de l'art ou de l'édition, a incontestablement libéré et encouragé toute une créativité.

Certes, on voit beaucoup le mauvais côté de ce foisonnement : le débordement d'informations inutiles, l'explosion des réseaux sociaux et leur vaine communication, les rumeurs et fake news, les risques pour les libertés individuelles, et par-dessus tout la récupération commerciale intense. Mais on peut aussi imaginer un nouvel essor pour l'appropriation par chacun des progrès scientifiques. En étendant un peu le processus, on peut imaginer une forme de participation à la science similaire aux nouvelles participations artistiques : même si je ne comprends pas les équations compliquées du Modèle Standard et du mécanisme de Higgs, je peux participer à ces recherches en appliquant le même algorithme que celui qui m'a aidé à identifier les photos de mes amis sur les réseaux sociaux. Je peux – c'est d'ailleurs déjà le cas – mettre mon ordinateur ou mon téléphone à disposition des chercheurs la nuit pour leur fournir des capacités de calcul.

Si même les scientifiques admettent que leurs théories doivent être harmonieusement complétées par des algorithmes, alors le poids des concepts difficiles, des mathématiques repoussantes, des années d'études abstraites, peut s'en trouver allégé. Non que ces derniers soient dévalorisés, bien au contraire. Mais chacun pourrait trouver un accès aux connaissances et aux représentations du monde à son niveau, le bon « mix » personnalisé entre concepts purs et algorithmes.

XII. Vers une spiritualité rationaliste

Science et esthétique

Les rapports de la science, et de la Physique pour ce qui me concerne, avec l'esthétique sont un peu compliqués. Pour le côté positif, on voit de nombreuses initiatives de rencontres entre chercheurs et artistes, et il est toujours passionnant d'y participer[14]. On se comprend très bien : nous poursuivons la même quête de représentations du monde, de représentations qui « parlent » à l'esprit humain. Nous avons aussi en commun la passion de la découverte, de la création, et d'une interprétation personnelle du monde. Lors de ces rencontres, le public est toujours au rendez-vous, ravi de voir dialoguer les deux visions. Au moins un certain public, éduqué et curieux : je suis bien conscient que ce n'est pas un public très vaste socialement...

Le côté moins positif est qu'en dehors de ces événements organisés sous l'œil d'un public bienveillant, la science – et en particulier une science « dure » comme la Physique – conserve pour le grand public son aspect hostile, rébarbatif, voire inhumain. Un ingénieur qui parle simplement de ce qu'il connaît, se voit rejeté parce que « son monde manque totalement de poésie ». Comme je l'ai dit plus haut, les chercheurs sous la pression des médias recourent à de belles images pour rendre leur sujet attrayant, mais il ne s'agit souvent que d'un artifice. Il faudrait pourtant convaincre le public, et les médias généraux, que la vision du monde par la science, est aussi une vision

---

[14] Un de mes premiers contacts, en tant que physicien, avec le milieu artistique a été une participation à l'exposition « Mathématiques : un dépaysement soudain », à la Fondation Cartier en 2011, une aventure aussi plaisante qu'enrichissante. Merci à Michel Cassé pour m'y avoir attiré !

esthétique, et cesser d'opposer les deux représentations. Comme j'ai tenté de l'exprimer dans mon précédent livre, les équations n'enlèvent rien à la beauté du monde. Au contraire, elles la soulignent : n'est-ce pas miraculeux que la loi de la réfraction, appliquée aux rayons du soleil dans les gouttes de pluie, nous donne à voir un magnifique arc-en-ciel ?

Science et spirituel

L'abîme entre la représentation du monde par la science et son ressenti dans le public, est tel qu'aujourd'hui pour la plupart des gens science et spiritualité sont complètement antinomiques. D'un côté, le besoin de spiritualité n'a jamais été aussi fort, dans une vie ultra-matérialiste, éloignée de la nature, pleine de contraintes de temps, d'argent, de règles communes. De l'autre, la science est là, qui fournit sans cesse des connaissances, des outils, du confort. Mais elle ne remplit absolument pas le vide spirituel.

Lorsqu'on va au contact du public, dans des conférences grand public, des rencontres, des cafés de sciences, des portes ouvertes de laboratoire, on voit bien que la science fait toujours rêver : on rencontre des gens avides de connaître les dernières découvertes du monde des particules ou de l'univers. Bien sûr il s'agit pour la plupart d'un public très sélectionné. Et même pour ce public, le message que les chercheurs apportent satisfait sa curiosité, mais le plus souvent cela ne change pas vraiment sa façon de voir le monde. Rien de plus normal, puisque cette transmission est en général à sens unique : le rôle du public est là passif, et non participatif. Le discours scientifique reste un joli conte, mais ne devient pas un véritable morceau de vie.

Le petit moment participatif est celui des questions. D'ailleurs les questions que je préfère ne sont pas celles des amateurs chevronnés, qui se rapprochent des questions de professionnels dans une conférence scientifique. Non, ce sont les questions les plus spontanées, les plus naïves en apparence. Au début, j'étais désarçonné lorsqu'après que j'aie parlé du Big Bang, une personne du public me posait la question de l'existence de Dieu.

Que répondre ? Comment accueillir cette question ? Nous, scientifiques, ne devons jamais perdre de vue qu'il s'agit au fond de la même quête de sens, et cette question du public est en cela parfaitement légitime après mon exposé... même si je n'y apporterai pas de réponse (mais la religion n'en apporte pas bien davantage).

Intégrer l'Intelligence Artificielle

Il faut voir les choses en face : d'ici quelques décennies, tous les humains ou presque seront équipés d'un outil d'Intelligence Artificielle sous une forme ou sous une autre. Cet outil sera en communication permanente avec tous les autres, et aura une capacité de traitement des informations illimitée dans la pratique. *Toutes* les informations de *tous* les humains seront accessibles à *tous* (sauf si on a laissé quelques grandes firmes en garder le contrôle, mais ceci est de la politique). Ça va *changer.* Comme tous les grands changements du mode de communication des intellects humains – l'écriture, l'imprimerie – celui-ci sera l'occasion de profonds remaniements des représentations du monde. On peut en attendre le pire, comme le meilleur. Ce changement est le fruit de la science et de la technologie : il serait dommage que celles-ci n'en profitent pas pour aider à la résolution de leurs crises. En tous cas, il ne saurait être question de rester à l'écart, de refuser l'arrivée des algorithmes dans nos théories, de faire de la résistance numérique pour préserver une fictive indépendance de pensée, et même une fictive liberté tout court. Il faut profiter de l'arrivée de l'IA pour secouer nos paradigmes.

Pleine-conscience, pleine connaissance

Dans nos sociétés occidentales surmenées, la méditation est à la mode. Evidemment, il ne faut pas être trop naïf : il s'agit d'une mode de nantis, où le besoin de sens et de bien-être de l'esprit prime sur les besoins essentiels de nourriture ou de sécurité physique. Considérons tout de même ce que dit cette tendance, et l'apparent paradoxe qu'elle présente.

Dans une société hyper matérialiste, hyper outillée, hyper optimisée, il s'agit de mieux se connecter à l'instant présent, d'être pleinement conscient du monde et de notre place en son sein. Le paradoxe, c'est que nombreux sont ceux qui envisagent cette pratique, ou un de ses nombreux avatars, pour échapper à une conception trop matérialiste du monde. Pour se *reconnecter* à l'instant présent, il faudrait se *déconnecter* d'un monde qui paraît trop rapide, trop complexe, trop agité, que plus ou moins consciemment on assimile à un monde trop technologique, trop scientifique. Pourtant, une telle démarche de reconnexion au réel et au présent est, ou devrait être, précisément la démarche de la science. La Physique, au moins celle que j'espère pratiquer, propose exactement la même démarche : rechercher une représentation actuelle du monde, qui construit sur les représentations du passé sans en rester prisonnière, et qui ne préjuge pas des représentations futures. Une représentation parfaitement consciente de ses propres limites comme nous l'avons vu plus haut dans ce livre. Et aussi la recherche d'une meilleure représentation, et d'une meilleure description de notre place dans l'univers, non pas nécessairement en termes d'efficacité, mais plutôt en termes de cohérence, de naturalité, et en fin de compte d'esthétique.

Vers une spiritualité rationaliste

Une fois posé le « besoin de sens » dans ces termes, pourquoi ne pas envisager que la « pleine conscience » recherchée par la méditation et ses avatars, donne toute sa place à une forme de « pleine connaissance » ? De ma fenêtre, près du CERN, ce centre où j'effectue mes recherches, que l'on qualifie souvent de temple de la Physique moderne, je vois le Mont-Blanc. Souvent, par beau temps, je contemple ce sommet singulier qui domine le paysage, et comme n'importe qui je ne peux manquer de trouver cette vue aussi belle que profondément émouvante. Et je pense à toutes les lois physiques que je connais qui ont amené à cette chance : un petit humain extasié devant la vue du Mont-Blanc :

« Le Big-bang, la création d'une matière primordiale que je ne connais pas, et de sa forme essentielle d'interaction, la gravité.

L'apparition des particules élémentaires telles que je les connais aujourd'hui : quarks, leptons, neutrinos, sous leur forme sans masse, un gaz informe et infiniment agité. L'annihilation de toutes les antiparticules avec leurs particules correspondantes excepté une fraction minuscule, improbable survivante de ce cataclysme. L'arrivée brutale du mécanisme de Brout-Englert-Higgs et l'apparition des masses pour toutes ces particules, qui du coup se retrouvent à des vitesses grandes, mais distinctes, comme un film qui serait d'abord projeté en un accéléré insensé et qui soudainement choisirait de se limiter à 24 images/seconde, donnant sens aux mouvements des piétons et des autos. Un court passage à travers une phase confuse d'échanges hyper-intenses, le plasma de quarks et de gluons, encore de nombreux échanges de photons entre particules chargées, et à nouveau une transition brusque, où chaque proton attrape un électron, comme dans un bal où les partenaires cesseraient de s'échanger pour soudainement danser par couples, les atomes. Un ralentissement du temps, la diffusion au hasard de ces atomes le long de grandes lignes de force dessinées par une Matière noire dont j'ignore presque tout. Puis ces atomes se rassemblent en tombant les uns sur les autres, forment des groupes, puis des amas de plus en plus massifs. Soudain certains de ces amas très condensés s'allument spontanément comme le feraient des feux follets, et voilà les étoiles qui commencent à briller. Celle-ci ou celle-là va briller pour quelques milliards d'années, puis s'effondrer brutalement dans une explosion d'une violence inouïe, capable d'engendrer tous les éléments chimiques que je connais. Dans ce qui reste, les poussières d'étoiles à nouveau se rassemblent, gravitent autour d'une étoile moyenne : notre Soleil. Les atomes de fer se condensent en poussières puis en pépites, formant le noyau d'une planète qui devient notre Terre. Alentour, les noyaux de silicium et d'oxygène se lient et forment des cristaux, qui s'agrègent les uns aux autres et autour du cœur de fer, voici enfin de simples cailloux, puis de grandes roches, et après quelques bouleversements géologiques dont, pardonnez-moi, je passe les détails par ignorance, voici les grandes parois de granit du massif du Mont-Blanc dont la vue réjouit les touristes et dont le toucher ravit les grimpeurs. Le miracle y a ajouté un peu d'eau, qui forme la neige dont la roche est nappée, et une atmosphère qui me permet de respirer. Voilà, c'est tout ! Tout ce qui concerne le paysage, mais toutes ces combinaisons de quarks, d'électrons et d'atomes a aussi fourni toutes les briques – le carbone, l'hydrogène, l'azote, etc. – pour construire le phénomène étrange de la vie, l'extraordinaire molécule d'ADN, le règne vivant, et en particulier, quelle chance, moi-même qui contemple le paysage. »

Ouf !

Après un tel récit, devant une telle cosmogonie, y a-t-il vraiment besoin de davantage de *méta*-physique ? Au fond, oui, bien sûr. La Physique, même avec toutes ces connaissances, ne donne pas la réponse à la question ontologique : pourquoi tout cela au lieu de rien. Mais admettez qu'elle fournit déjà un récit passionnant, foisonnant, cohérent, pour qui cherche à se situer dans l'univers. Ce récit, chacun peut l'enrichir à sa façon. Chacun peut le remettre en question, chacun peut tenter d'en faire partager sa version par tous les autres, chacun peut avoir le plaisir de découvrir et de faire sien (sienne) la vision d'un (une) autre. Rien n'est gravé pour toujours. Sa révélation n'a pas été le fait d'un miracle ancien, mais du lent travail des hommes, de la transmission de l'un à l'autre et de la confrontation permanente à l'observation de la nature.

Est-ce que ce n'est pas *suffisant,* au moins pour la vie courante ?

Bref, pourrait-on enfin envisager une *spiritualité rationaliste* ?

XIII. Croire à la Physique, malgré les crises (ou grâce à elles) ?

Au long de ce livre, je vous ai montré sans les minimiser les crises multiples et profondes que traverse actuellement la Physique de « l'élémentaire ». Crise de société, avec les croyances les plus ridicules comme la Terre plate, avec la défiance envers la technologie où la Physique, à travers l'histoire de l'arme nucléaire, joue un rôle central, ou avec la mise en cause de l'idée de progrès malgré tous ses apports. Crise de la Physique elle-même, confrontée depuis maintenant assez longtemps à des problèmes internes, avec le conflit entre Théorie Quantique et Relativité Générale, et avec la difficulté à rendre simplement compte des observations dans la question de la Matière Noire et de l'Energie Noire. Crise enfin des représentations du monde, avec l'arrivée de l'Intelligence Artificielle, et pour le moins une sérieuse remise en question de notre méthode habituelle de penser le monde en le regardant puis en en bâtissant des modèles plus ou moins abstraits, mais toujours concevables de A à Z par un esprit humain.

Il y aurait de quoi être sérieusement secoué, voire inquiet, devant cette apparente accumulation de crises. Mais tout en les décrivant, j'ai aussi tenté de montrer comment cette grande interrogation pourrait être une source de renouveau, de refondation.

En ce qui concerne la crise interne, on pourrait presque dire « technique », il faut en voir le bon côté : ce n'est une crise que parce que notre compréhension théorique et nos moyens d'observation ont considérablement évolué au cours du dernier siècle. Il n'est donc pas tellement surprenant qu'il nous faille maintenant un temps de digestion, de réflexion, pour mettre nos idées en ordre. Comme je l'ai dit au chapitre II, il n'est pas impossible que cette crise interne de la Physique soit résolue de la façon classique par l'arrivée d'une nouvelle solution, peut-être même que cette solution soit proposée par un nouveau chercheur vedette, un nouvel Einstein en somme. Ce serait bienvenu pour les spécialistes, qui seraient rassurés en voyant le schéma habituel se perpétuer. Mais cela ne résoudrait en rien la crise de société : il y a fort à parier que cette nouvelle solution ferait appel à des mathématiques encore plus abstraites et complexes que celles utilisées aujourd'hui, rendant à nouveau le lien avec le public difficile, et renvoyant celui-ci à son apparente ignorance. Et cela n'intégrerait pas davantage l'Intelligence Artificielle, alors que celle-ci fera de plus en plus partie de nos vies et de notre façon d'envisager le monde de tous les jours. Ceci accentuerait encore l'abîme avec le public, qui de plus en plus pensera avec son téléphone ou son équivalent IA portable, alors que les initiés continueraient à utiliser des schémas purement intellectuels.

On pourrait trouver plus intéressant, et même plus sage, de tenter de profiter de la conjonction de ces trois crises pour envisager une refondation de la Physique. Pour autant, en toute humilité, je n'ai pas de solution miracle, et je ne pense pas qu'il y en ait une. J'ai un peu insisté sur le rôle que me semble devoir prendre l'IA dans le problème, et dans le dépassement de ces crises, mais n'en déduisez pas que je considère l'IA comme étant à elle seule cette « solution miracle ». Au moins, ne refusons pas son insertion dans notre façon de penser, d'enseigner, de communiquer la science. En d'autres termes, ne la laissons pas au seul monde du commerce et de l'information quotidienne.

Nous pouvons aussi réfléchir à l'enseignement de la Physique, à mon sens beaucoup trop théorique, dans le mauvais sens du terme, en France en particulier. L'enseignement des plus jeunes à l'école ou au lycée vise à faire appréhender des concepts théoriques complexes. Cela part d'une bonne intention, tant les concepts de mécanique newtonienne, d'électricité classique, de Théorie Quantique ou de Relativité ont modifié notre façon de voir le monde. On essaie donc de faire comprendre le système solaire ou l'atome aux élèves. Mais comme les véritables théories sous-jacentes ne peuvent pas être abordées avec le bagage mathématique de ces élèves, on en arrive à une description abstraite, mais inopérante, déconnectée de l'observation et de la réalité. Au pire, l'élève devient capable de répondre à une question sur la gravité, en répétant un paragraphe du cours, alors même qu'elle est convaincue que la Terre est plate. Ce genre de dissociation cognitive est typique de nos sociétés, bien au-delà de la Physique, par exemple aussi sur les sujets de santé. Enseignons la Physique du quotidien, observons la nature et les artefacts humains autour de nous. Au besoin, aidons-nous d'applis pour digérer nos observations, et de forums pour les discuter…

Pour les chercheurs, accumulons les « belles » mesures, que nous tenterons d'intégrer à un modèle de plus en plus global. Sur le plan théorique, ne nous laissons pas trop entraîner sur la pente du « model building », où l'on répète sans arrêt le même schéma de principe en changeant simplement un paramètre, un groupe de symétrie ou un couplage d'unification. Nous avons fait cela pendant un demi-siècle avec un certain succès – le Modèle Standard –, mais il est temps de passer à autre chose. Poursuivons les idées d'organisation spontanée, d'émergence, dont on voit les prémisses aujourd'hui.

J'aime à penser que ces crises portent en elles les éléments de leur propre résolution. Mon souci principal reste, vous l'avez compris, celui de la crise entre science et société, tant l'abîme s'est creusé, et en particulier pour la Physique de l'élémentaire, parce que je tends à culpabiliser sur son utilisation à Hiroshima et Nagasaki, même si cette culpabilité est totalement anachronique : je n'étais pas né en 1945. Mais cet événement tragique s'éloigne, il est temps de reconstruire le lien.

Tables des matières

I. La Physique au cœur de la crise des sciences fondamentales

II. Succès et limites de la Physique d'aujourd'hui

III. Comprendre le monde

Structures éditoriales du groupe L'Harmattan

L'Harmattan Italie
Via degli Artisti, 15
10124 Torino
harmattan.italia@gmail.com

L'Harmattan Hongrie
Kossuth l. u. 14-16.
1053 Budapest
harmattan@harmattan.hu

L'Harmattan Sénégal
10 VDN en face Mermoz
BP 45034 Dakar-Fann
senharmattan@gmail.com

L'Harmattan Cameroun
TSINGA/FECAFOOT
BP 11486 Yaoundé
inkoukam@gmail.com

L'Harmattan Burkina Faso
Achille Somé – tengnule@hotmail.fr

L'Harmattan Guinée
Almamya, rue KA 028 OKB Agency
BP 3470 Conakry
harmattanguinee@yahoo.fr

L'Harmattan RDC
185, avenue Nyangwe
Commune de Lingwala – Kinshasa
matangilamusadila@yahoo.fr

L'Harmattan Congo
67, boulevard Denis-Sassou-N'Guesso
BP 2874 Brazzaville
harmattan.congo@yahoo.fr

L'Harmattan Mali
Sirakoro-Meguetana V31
Bamako
syllaka@yahoo.fr

L'Harmattan Togo
Djidjole – Lomé
Maison Amela
face EPP BATOME
ddamela@aol.com

L'Harmattan Côte d'Ivoire
Résidence Karl – Cité des Arts
Abidjan-Cocody
03 BP 1588 Abidjan
espace_harmattan.ci@hotmail.fr

L'Harmattan Algérie
22, rue Moulay-Mohamed
31000 Oran
info2@harmattan-algerie.com

L'Harmattan Maroc
5, rue Ferrane-Kouicha, Talaâ-Elkbira
Chrableyine, Fès-Médine
30000 Fès
harmattan.maroc@gmail.com

Nos librairies en France

Librairie internationale
16, rue des Écoles – 75005 Paris
librairie.internationale@harmattan.fr
01 40 46 79 11
www.librairieharmattan.com

Librairie l'Espace Harmattan
21 bis, rue des Écoles – 75005 Paris
librairie.espace@harmattan.fr
01 43 29 49 42

Lib. sciences humaines & histoire
21, rue des Écoles – 75005 Paris
librairie.sh@harmattan.fr
01 46 34 13 71
www.librairieharmattansh.com

Lib. Méditerranée & Moyen-Orient
7, rue des Carmes – 75005 Paris
librairie.mediterranee@harmattan.fr
01 43 29 71 15

Librairie Le Lucernaire
53, rue Notre-Dame-des-Champs – 75006 Paris
librairie@lucernaire.fr
01 42 22 67 13

www.ingramcontent.com/pod-product-compliance
Lightning Source LLC
LaVergne TN
LVHW021236061026
849535LV00008B/3089
9782343228907